上海建工装饰集团装饰工程关键技术丛书

工业智造

引领低碳发展

建筑装饰工程工业智造技术研究与应用

上海市建筑装饰工程集团有限公司 / 编著

Industrial Intelligent Construction Leading Low-Carbon Development

The Research and Application of Industrial Intelligent Construction Technology in Architectural Decoration Engineering

上海科学技术出版社

图书在版编目（ＣＩＰ）数据

工业智造 引领低碳发展 ：建筑装饰工程工业智造技术研究与应用 / 上海市建筑装饰工程集团有限公司编著. -- 上海 ：上海科学技术出版社，2024.1
（上海建工装饰集团装饰工程关键技术丛书）
ISBN 978-7-5478-6488-3

Ⅰ．①工… Ⅱ．①上… Ⅲ．①智能技术－应用－建筑装饰－工程装修 Ⅳ．①TU767-39

中国国家版本馆CIP数据核字(2023)第249196号

内容提要

本书以上海市建筑装饰工程集团有限公司 30 多年来深耕装饰工程工业化与智能化领域形成的核心技术体系与重大工程实践为基础，对传统建筑装饰建造低装配率、低预制率、碳排放高等问题进行分析，对装饰工程工业智造的内涵进行阐述，对建筑装饰行业工业化建造发展现状和发展方向进行解读。本书作为建筑装饰工程关键技术丛书之一，全面介绍了上海市建筑装饰工程集团有限公司在标准空间工业化建造技术、复杂空间工业化建造技术、模块空间工业化建造技术、工业化融合数字化建造技术、工业化协同信息化管理平台、智能施工装备与绿色机具等专业的技术研究成果，以及利用工业化建造技术在装饰重大工程中取得的技术突破。

工业智造 引领低碳发展
——建筑装饰工程工业智造技术研究与应用
上海市建筑装饰工程集团有限公司 编著

上海世纪出版（集团）有限公司
上 海 科 学 技 术 出 版 社 出版、发行
（上海市闵行区号景路 159 弄 A 座 9F–10F）
邮政编码 201101 www.sstp.cn
上海光扬印务有限公司印刷
开本 889×1194 1/16 印张 17.75
字数 350 千字
2024 年 1 月第 1 版 2024 年 1 月第 1 次印刷
ISBN 978-7-5478-6488-3/TU·346
定价：150.00 元

编 委 会

主 编

李 佳

副主编

连 珍　归豪域

编 委

前　言

改革开放四十年来，中国建筑业总产值世界第一，建筑装饰工程作为建筑业的重要组成部分，具有庞大的市场规模，对经济社会发展、城乡建设、和民生改善具有重大意义。

随着城市化进程的推进，我国建筑装饰建造发展迅速，但装饰行业发展至今目前仍处于产业链条冗长、管理能级偏低、效率有待提升的发展阶段。建筑装饰产业碎片化、粗放式的生产方式，正在经受产品性能欠佳、资源浪费巨大、安全问题突出、环境污染严重、生产效率低下等问题困扰。劳动力成本迅速攀升、产能过剩、竞争激烈、客户个性化需求日益增长等因素，迫使建筑企业从低成本竞争策略转向建立差异化竞争优势。装饰工业化叩击传统装饰行业痛点，吹响了行业进步的冲锋号。

在"中国制造 2025"新一轮科技革命和产业变革背景下，工业化正在给中国建筑业带来新的影响。工业化建造方式与传统建造方式相比具有先进性、科学性，有利于促进工程建设全过程实现绿色建造的发展目标，是一场生产方式的转型，是实现绿色低碳发展的基础。随着科技发展，物联网、协作机器人、增材制造、预测性维护、机器视觉等新兴技术迅速兴起，以人工智能、清洁能源、机器人、量子信息及生物技术为代表的新技术正在促进传统生产方式变革，甚至是颠覆传统生产方式。建筑装饰行业也不例外，装饰工程建造正在迈进从工业建造到工业智造的新发展阶段，数字化赋能和工业化绿色化的高度融合是实现建筑行业的绿色低碳发展目标的重要举措。上海建工装饰集团的工业智造体现在三个方面：工业化的工厂预制产品生产与数字化设计技术融合；装饰产品数字化下单加工与现场安装严丝合缝，有效降低物耗，这也是绿色化的一个重要目标；数字化与绿色化的结合以智慧工地为抓手，对建筑建造能耗、污染排放实行有效监测。站在装饰行业发展的新起点，系统性研究工业智造理论与关键技术，为促进建筑装饰行业转型升级、实现绿色低碳可持续发展提供重要的理论和技术支撑，显得尤为关键和必要。

上海建工装饰集团依托上海建工的专业子集团优势，借助上海建工领先的研发平台、厚重的品牌支撑、强大的三全战略，集成领先的科研平台、扎实的科研团队、专业的技术带头人，把科技创新作为推动建筑装饰产业现代化的重要战略支撑，将装饰工业化与数字化、信息化、绿色化全方位融合发展，取得了丰硕的工业化与智能化成果，并成功应用于大型工程装饰建造中，创造了显著的经济和社会效益。通过一系列重大工程、地标工程的锤炼，形成集团装饰建造核心技术并确保始终保持在行业领先姿态。

本书以上海建工装饰集团 30 多年来深耕装饰工业化建造领域形成的核心技术体系与重大工程实践为基础，对传统建筑装饰建造低装配、低预制、高排放、数字化技术应用率较低等问题进行分析，对装饰工程工业智造的内涵进行阐述，对建筑装饰行业工业化建造发展现状和发展方向进行解读，对集团标准空间工业化建造成果、复杂空间工业化建造核心技术体系、工业化融合智能化建造工程实践进行了梳理，全方位展示了工业化建造技术在装饰工程中的具体应用过程和效果。把对于装饰工业化融合智能化建造的前沿核心技术和落地应用项目研究分享给广大读者。这是一件非常有意义的工作，而且恰逢其时。

希望本书能对推动装饰行业工业化建造理论与技术的研究和应用，深化工业化、绿色化、数字化、智能化、信息化技术与工程建造的进一步融合，促进建筑装饰产业变革，实现中国装饰建造高质量可持续发展出一份力，与各位同行共勉。

上海市建筑装饰工程集团有限公司党委书记、董事长

2023 年 9 月

目　录

绪论
Exordium

第 1 章
Chapter 1

1.1 建筑装饰工业智造的内涵

建筑装饰工业智能建造是指采用信息化设计、工厂化生产、智能化安装的手段提高建筑装饰工业的生产效率、质量和可持续发展能力。信息化设计能够贯穿于建筑装饰工程的设计、加工、建造环节，形成虚拟建造方案，为后续产品生产保驾护航。通过设计、生产、运输、安装、运维等全过程的信息数据传递和共享，在装饰工程建造过程中实现协同作业。工业化设计与加工，在建造初期就控制了装饰产品的质量与现场安装的方式，有利于装饰工程装配施工的实现，装配化的现场安装方式杜绝了湿作业，有利于建筑产品的品控，减少材料浪费。智能化的平台、设备与机具的研发与使用使工业化建造方式得以落地，大力助推了装饰行业高质量发展。以工业化的方式改变传统建造模式是提高劳动效率、提升建筑装饰质量的重要方式，也是我国未来建筑装饰行业的发展方向。

站在装饰行业发展的新起点，系统研究工业智造理论与关键技术，为促进我国建筑装饰行业转型升级、实现高质量可持续发展提供重要的理论和技术支撑，只有工业化建造技术与信息化、智能化技术深度融合，才能真正实现建筑装饰工程的"工业智造"。以信息化带动工业化，以工业化融合智能化，通过信息互联技术与建筑装饰企业生产、建造技术和管理结合，实现建造活动的数字化和精益化，这是"工业智造"的真正内涵。

1.2 装饰行业工业化建造发展现状

随着城市化规模的不断扩大，我国建筑装饰装修业蓬勃发展，传统装修手段问题居多，诸如施工现场工况复杂、人工比例高、工期长、工程质量控制不稳定等较多问题普遍存在，严重制约了装饰行业的快速健康发展。

传统装饰装修手法普遍存在的以下问题。

（1）传统装饰手段造成施工现场环境污染。一是传统装修材料有毒化学成分含量较高，对居住环境的空气质量造成污染。二是在房屋后续进行运维和再次拆改装修时，传统装饰手段会导致基层结构与面层材料的破坏，这样造成施工现场产生噪声污染、粉尘污染、装饰材料固体垃圾等诸多环境影响。

（2）施工完成质量良莠不齐，难以标准化、定量化。传统装修装饰方法施工完成的工程，其墙体装饰面时常会产生潮湿霉化墙面开裂、鼓包脱皮等问题。这都是传统手工操作质量参差不齐造成的。

（3）装饰材料消耗量大，同时由于现场切割拆改容易造成材料浪费。由于是现场对材料进行二次加工，容易造成大量废料产生，只能当作建筑垃圾被遗弃。此外，在进行重新装修时，难免对原有装修材料进行不规则无序破坏，造成装修材料资源大量浪费。

而且被废弃的材料难以再次利用，新材料、部品新部件只能再次向自然资源索取，给自然资源环境带来巨大压力。

（4）传统装饰方法存在效率低下、人工占比高、材料浪费等问题，不利于装饰公司扩大规模、提高产值。建筑装饰产业碎片化、粗放式的生产方式，正在经受产品性能欠佳、资源浪费、环境污染、生产效率低下等问题困扰。劳动力成本迅速攀升、产能过剩、竞争激烈、客户个性化需求日益增长等因素，迫使建筑企业从低成本竞争策略转向建立差异化竞争。

工业化的生产，使得装饰部品部件生产和现场装配化施工很好地结合在一起，提高了施工质量和灵活性，便于后期工程项目的施工管理。装饰工业化的部品部件都在工厂完成。工业体系的生产技术具有精确的定性和定量指标，使制造出来的部品部件与图纸契合度大大提高，从而最大限度地还原设计的创意构想。

工业化的生产制造模式效率极高，能够实现部件部品的批量化、规模化发展。通过工厂的加工可有效减少施工现场的切割噪声、粉尘和边角料的产生，从而既减少了对施工现场周边居民的影响，降低环境污染。另外，部品部件通过运输环节到达施工现场进行装配，有效减少原材料的占地面积和空间，提升施工现场工况环境。

工业化建造模式以机械式作业为主，人工作业为辅，大大减少了现场人工占比，进而有效减少生产事故的发生。另外，现场的装饰装修安装基本以干法施工为主，即以螺栓为代表的物理机械连接方式。使得工程现场湿作业大量减少，避免施工过程产生粉尘、污水、固体废弃等装饰材料，符合绿色建造的生产理念，并且很好地改善了装饰装修企业的社会形象，即由生产率较低的劳动力密集型的企业性质转向劳动生产率较高的技术和知识密集型的高科技和高附加值企业。

1.3　装饰行业工业智造发展趋势

随着全球社会经济和城市现代建设的快速发展，全球建筑业正处在从工业建造向数字建造加速转型过渡的大变革时代，国内建筑业正处于新旧动能转换的关键时期。推动绿色低碳数字建造和建筑工业化基础共性技术与关键核心技术研发是建筑业数字化转型发展的重要方向。2020 年 9 月我国提出"2030 年前实现碳达峰，2060 年前实现碳中和"的双碳目标，2021 年 10 月国务院发布《2030 年前碳达峰行动方案》，其中城乡建设碳达峰行动列为重点任务之一，要求"推广绿色低碳建材和绿色建造方式"。据上海市建筑业行业发展报告研究，建造过程碳排放总量占全国碳排放总量的 51.3%。据英国 *New Tricks With Old Bricks* 报告，建筑全生命周期中一般翻新 3 次以上，装修碳排与新建 / 重建相当。提升数字化智能化建造水平，有效控制建筑装饰建造碳排放，通过绿色低碳赋能工业建造，是实现建筑装饰行业数字化转型和碳达峰碳中和目标的重要工作。

近年来，我国重视智能建造产业发展，支持举措正密集出台，强化资金、技术、支撑平台等举措，推进新一代信息技术和建造业融合发展，加快工业互联网发展，进一步驱动产业变革，推动建造业转型升级。2020 年 7 月 3 日，住房和城乡建设部联合国家发展和改革委员会、科学技术部、工业和信息化部等十三个部门联合印发《关于推动智能建造与建筑工业化协同发展的指导意见》，提出：要围绕建筑业高质量发展总体目标，以大力发展建筑工业化为载体，以数字化、智能化升级为动力，形成涵盖科研、设计、生产加工、施工装配、运营等全产业链融合一体的智能建造产业体系。

随着科技发展，物联网、协作机器人、增材制造、预测性维护、机器视觉等新兴技术迅速兴起，以人工智能、清洁能源、机器人、量子信息及生物技术为代表的新技术正在促进传统生产方式变革，甚至是颠覆传统生产方式。建筑装饰建造向数字化转型，是后工业时代商业经济发展规律变化之下建筑装饰行业的必然选择。未来，建筑行业必然以绿色要素投入代替自然资源投入，以装配式等工业化技术代替大量现场人工作业，以绿色施工技术代替传统粗放施工模式，以 BIM、人工智能、机器人等智能建造技术代替传统建造技术。对于建筑装饰企业而言，一定要认清行业变革的趋势，整合产业资源，主动以创新和创造来激发和推动行业的变革，关注智能建造关键核心技术发展，加强行业基础性、关键性技术研发，整体推动建筑装饰工业智造，引领绿色低碳发展。

1.4　企业工业化发展历程

在全球工业化的大背景下，装配式建筑的推广给传统建筑企业带来巨大变革。伴随国内装饰工业化的不断发展，上海建工装饰集团依托上海建工的专业子集团优势，不断争当行业的先行者。上海建工装饰集团率先提出像工业化造汽车一样做装饰的理念；率先探索服务个性化装饰风格的装配式装修模式；率先完成个性化装饰风格的装配式装饰工程。

上海建工装饰集团在装饰工业化发展历程的大事记回顾：

20 世纪 90 年代初，建筑装饰行业尚处于工业化发展的萌芽阶段，上海建工装饰集团就开始对轻钢龙骨系统进行探索和应用，标志着装饰工业化序幕的开启。

2000 年，上海建工装饰集团确立了"工厂化加工、现场总装配"的技术路线，通过北京钓鱼台国宾馆等十几个高标准项目的木制品、石材制品的实践，成为行业中率先践行"装配式装修"的装饰企业。

2007 年，上海建工装饰集团承接了俄罗斯波罗的海明珠工程，考虑工程特殊地理位置与紧张的工期限定，通过现场数据采集，所有装饰材料在上海加工，集装箱装船运抵

俄罗斯，现场一次性装配完成。上海建工装饰集团工业化时代正式起航。

2010 年，上海建工装饰集团成立自有的木制品加工厂与建筑幕墙加工厂，实现了木制品与金属制品的自主生产，进一步推进企业装饰工业化的进程，开启了行业中装饰企业组建自有工厂的先河。

2013 年，上海建工装饰集团自主研发了新型复合墙地砖模块化生产线及产品成套技术。取消了现场湿作业。攻克了卫生间防水功能在模块化干法施工技术上的瓶颈。

2014—2016 年，上海建工装饰集团承担了上海迪士尼梦幻世界的建设任务，面对美轮美奂的外立面、复杂的专业协调、上万件的定制装饰艺术构件。通过三维扫描、3D 打印、CNC 雕刻等技术，首次实现大型复杂装饰艺术构件的工业化应用。

2019 年，上海建工装饰集团将工业化融合数字化技术成功运用于北京大兴国际机场项目。仅用 3 个月将 2 万多块漫反射金属板拼装成 3 850 个非标的吊顶单元，实现了 3 万 m² 异形曲面吊顶、无脚手架、毫米级精度、无碰撞、一次安装交付的一系列装饰工程的重大技术突破。开创了装饰工业化与数字化全面融合的新篇章。

2020 年，上海建工装饰集团作为第一完成单位的《大型公共建筑的异型复杂饰面装配化绿色建造关键技术与工程应用》获得上海市科技进步二等奖，形成了工业化相关专利 200 余项，内容涉及顶面、地面、隔墙、饰面、防水、幕墙系统，绿色装置等分项工程，形成了建筑装饰工程装配化绿色施工成套技术体系；参与国家级课题《典型居住舱室和公共区域设计建造关键技术研究》，为装饰工业化工程落地提供强有力的技术保障。

2021 年，上海建工装饰集团参与了上海市科委项目《全域感知的移动机器人智能建造一体化关键技术研究及示范》，承担子课题《施工现场全域感知移动建筑机器人平台集成示范应用》。创新研发了石材辅助提升安装机器人，极大减轻了工人劳动强度，提高了安装效率。联手多家高校及企业，并示范应用于集团承接的顶尖科学家论坛永久会址新建工程，通过智能化高精度施工机械手臂、一体式加工工作站、半自动化机器人等建筑智能装备的试点应用，初步搭建建筑移动机器人设计、施工、运营管理体系，实现了大型复杂场馆装饰工程的精准建造的同时，实现了超大板块、超短工期、异形曲面等复杂装饰工程的落地需求。为集团工业化融合智能化发展行稳致远夯实了坚实的基础。

2022 年，上海建工装饰集团首次主持上海市科委项目《模块化空间可逆式绿色低碳数字建造关键技术研究与示范》立项。研发模块化空间可逆式绿色低碳数字建造关键技术体系，围绕影响建筑装饰工程高性能模块建筑绿色低碳建造的关键因素，突破传统施工方式与数字化智能建造技术深度融合的瓶颈，建立基于轻量化可重构设计、可逆式数字装配、智能化施工过程管控、全生命周期平台管控的高性能模块空间绿色低碳数字建造技术体系，通过建筑装饰模块化设计、工业化生产、数字化装配和可逆式拆装利用，推动建筑装饰行业高效率建造、低碳排放施工、可循环拆改的绿色低碳数字化转型整体目标实现。为集团新型工业化装饰建造绿色低碳可持续发展奠定基础。

上海建工装饰集团工业化建造发展历程

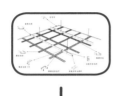

20 世纪 90 年代

开始轻钢龙骨系统应用
) **装饰工业化序幕开启**

· 北京钓鱼台国宾馆
· 开始研发内装工厂化产品
) **成为行业中率先践行"装配式装修"的装饰企业**

2000 年

2007 年

波罗的海明珠工程
上海建工装饰集团工业化时代正式起航

全面个性化装配,现场采集数据,所有装饰材料上海加工,集装箱装船运抵俄罗斯,现场装配

获得中国装饰行业协会授牌的首个全国建筑装饰行业产业
) **开启了装饰行业中企业创办产业基地的先河**

2009 年

2010 年

企业自有木制品加工厂与建筑幕墙加工厂成立
) **开启了装饰行业中企业组建自有工厂的先河**

2019 年

上海市装配式建筑产业基地

宣桥钢结构住宅样板房 / 中装协科技创新工程奖

中装协 - 建筑装饰行业科学技术奖 - 科技创新工程奖——上海国际舞蹈中心建设项目室内装修工程(二标段)

2020 年

科技创新工程奖   上海国际舞蹈中心

· 上海市科技进步二等奖
· 工业化相关专利 200 余项
· 参与国家级课题
) **实现了装饰企业历史上最高级别科技奖项的突破,为装饰工业化工程落地提供强有力的技术保障**

2020 年

· 上海建工装饰集团作为第一完成单位的《大型公共建筑的异型复杂饰面装配化绿色建造关键技术与工程应用》获得上海市科技进步奖二等奖

· 累计研发装饰工业化相关专利 200 余项

· 参与国家级课题《典型居住舱室和公共区域设计建造关键技术研究》

上海中心大厦

◗ 大幅度提升整体装配率

· 66 个楼层，近 20 万 m² 全部采用个性化装配式施工

· 2013 年用了 224 天全部完工

· 85% 装饰工业化施工率

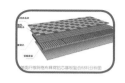

上海迪士尼梦幻世界

◗ 首次实现大型复杂装饰艺术构件的工业化应用，突破工业化仅适用于标准化构件的瓶颈

· 美轮美奂的外立面
· 复杂的专业协调
· 上万件的定制装饰艺术构件

北京大兴机场新航站楼

◗ 开创了装饰工业化与数字化全面融合的新篇章

· 3 万 m² 吊顶无脚手架施工

· 成百成千片整体拼装构件

· 无碰撞一次性安装

· 流畅的弧形外观达到高质量观感效果

2013 年

2014-2016 年

2018 年

2013 年

2019 年

企业首个装配式墙地砖专利授权

◗ 攻克了卫生间防水功能在模块化干法施工技术上的瓶颈

· 获得 25 项专利授权
· 其中发明专利 13 项
· 是集团首批工业化产品专利技术
· 达到国际先进水平

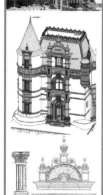

国家会展中心场馆功能提升工程

◗ 将装饰工业化提升到高集成装配式的新阶段

· 采用全装配式体系
· 所有饰面与基层"可装、可拆、可运、可藏、可换"

· 顶尖科学家论坛永久会址新建工程

· 参与上海市科委项目

◗ 为集团工业化融合智能化发展行稳致远夯实了坚实的基础

· 顶尖科学家论坛新建工程

· 参与上海市科委项目《全域感知的移动机器人智能建造一体化关键技术研究及示范》，获批专项经费 50 万元

· 创新研发智能辅助安装机器人手臂并落地应用

· 有效提升安装效率 2 倍以上

2022 年

2021 年

上海建工装饰集团首次主持上海市科委项目《模块化空间可逆式绿色低碳数字建造关键技术研究与示范》立项，获批专项经费 300 万元

◗ 为集团新型工业化装饰建造绿色低碳可持续发展奠定基础

· 研发模块化空间可逆式绿色低碳数字建造关键技术体系

· 装饰模块化设计、工业化生产、数字化装配和可逆式拆装利用

· 推动建筑装饰行业高效率建造、低碳排放施工、可循环拆改的绿色低碳数字化转型整体目标实现

工业智造技术

Industrial Intelligent Construction Technology

第 2 章

Chapter 2

2.1　标准空间工业化建造技术

标准化空间的装饰工程中具有大量的标准及非标准部品部件，需要精准的场外定制加工。通过数字化、信息化、绿色化技术，为建筑装饰建造穿上装饰工业化毫米级的"外衣"，是建筑装饰行业提高产业能级的有效手段。SCG 内装工业化标准产品体系建立着眼于建筑全生命周期和全产业链视角，基于标准化场景空间设计，涵盖工业化隔墙系统、工业化墙面系统、工业化吊顶系统、工业化地面系统、装配式机电系统及工业化配套部品部件标准模块，结合工业化绿色材料，整体推动标准空间工业化建造从定制化产品的单一应用转向以集基层、紧固件、连接件、外表皮所形成的可自由组合的集成化产品为特征的深度应用。

2.1.1　标准空间建造场景

根据常见的场景，建筑可以分为居住建筑、公共建筑、文化建筑、体育建筑、交通建筑、临时建筑等几大类。对上述场景进行进一步的细分，可将公寓住宅、酒店客房、办公空间、医院病房、办公空间为代表的划分为标准化空间。遵照实际需求，从装配式产品出发，在实践项目中不断探索与尝试，秉承绿色、高效、实用、智能的研发原则，现已逐渐形成了一系列空间场景固化的设计产品。

1）公寓住宅

与保障性住房相比，公寓住宅的市场规模更大，内装工业化技术的应用推广必然会走向公寓住宅领域。行业先从政策驱动起步，再逐步转向市场驱动的发展赛道。而在市场驱动下，满足公寓住宅用户需求是装配化体系研发的根本出发点。例如：选用水泥基部品作为基础，代替墙面轻钢龙骨体系，地面面层选用瓷砖、石材及木地板，提高系统饰面兼容性及开放度；卫生间地面系统增加干法防水层，提高防水系数；升级智能化系统，打造宜居智慧居住环境。围绕用户对空间装饰的消费需求变化特点，装配化装修行业也将会有更多的创新，预计未来用户装修频率越来越高，装修速度越来越快，内装工业化也将由装饰空间向改变生活和工作方式转型。

2）酒店客房

酒店客房区是住宿客人停留时间最长的场所，也是酒店设施能否满足客人各项需求的集中反映，也是与酒店客人关系最密切的空间。酒店客房往往套数多、体量大，是酒店装饰中耗费时间最久、作业环节和内容最多的区域。通过装配式内装技术与产品的全体系应用，提升更舒适、更环保的居住体验，营造科技感的生活场景，服务个性化的差旅需求，尤其在酒店存量改造、翻新的大市场，具有明显的竞争优势。

3）办公空间

现阶段，国内对于办公楼宇的开发已经趋向于白热化，分为政府企业型、科技研发型、网络时尚型等等。而办公使用形式也发生了巨大的变化，从独立式自用型办公楼到租赁式写字楼，再到提倡灵活办公的创客空间，大量的办公空间建造方式更趋向于集成化、产品化的发展模式，从而对办公空间的装饰装修提出了更高的要求，例如快速建造、即装即住、绿色环保、智能科技等，而装配式装修为这种发展模式打下良好基础：一体化的墙面隔断系统，集成化的吊顶设备系统，可以与地暖结合的架空型地板系统，都可以适用于不同类型不同规模的办公空间。

这种工业化的办公空间装修方式有助于加快整体工程建设周期，提升空间环境品质，提高办公设施利用率，适宜大力推广和不断研发升级。

4）教学空间

装配式教学单元模块在满足其适应现代绿色校园、人文校园、智慧校园的背景下，将现代教学空间中教室授课、学生自习、阅读交流、资料查询、教师办公等功能进行集成，利用室内装配式建造手段与智能化设备系统相结合，创造出一款结合现代教育模式与绿色建造技术的现代综合性教学产品。

装配式教学单元产品包含四大功能界面系统，采用14项装配式产品模块技术，全面实现了标准化设计、工厂化生产、装配式建造、一体化装修、信息化管理和智能化应用的全流程控制。本产品可通过装配式产品模块的清单选择，适应于新建校园与老旧校园教学区域的提升改造，未来它必将以其功能综合、效果动态、环保绿色、周期快捷、造价可控的优势成为未来校园建设的优质选择。

5）医疗空间

随着医疗事业的发展，装配式建筑形式为正在运营的既有医院的改扩建提供了建筑技术支撑，医疗空间采用整体系统装配式设计施工，工厂按照图纸及功能要求完成所有部件部品的标准化生产，按医疗功能单元模块组成标准的装配式医院，实现医疗功能产品化、功能化、标准统一化、使用便捷化、效果多样化等实际医疗功能和效果需求。

设计阶段摒弃"重结构、轻建筑、无内装"的错误概念，实行结构、围护、内装和机电四大系统协同设计。以内装医疗功能为核心，主体以框架为单元展开，尽量统一部品尺寸，功能单元设计及功能布局协同设置；以内部结构布置为基础，在满足医疗功能的前提下优化空间布置，满足工业化内装所提倡的功能空间布置要求，同时严格控制造价，降低施工难度；以工业化和内装部品为支撑，通过内装模块化设计集成医疗功能，保证医疗功能适用、安全、耐久、防火、保温和隔声等性能要求，推动医院建造方式创新，推广装配式医疗功能单元化模块化、部品化，为实现装配式医院提供成套技术。

2.1.2 工业化隔墙系统

2.1.2.1 系统分类

常见的工业化隔墙系统可分为移动隔断、明框隔断、组合式金属骨架隔墙、轻质条板隔墙四大类（图2-1）。其中移动隔断又可分为手动推拉式与电动式两类（图2-2）；明框隔断可分为有框隔断和无框隔断，其中有框隔断又分为铝框隔断（图2-3）和钢制防火隔断（图2-4）；组合式金属骨架隔墙（图2-5）可细分为单元式钢骨架隔墙、单元式钢铝混合隔墙、装配式骨架安装产品化饰面隔墙三类；轻质条板隔墙可细分为保温条板隔墙、无机轻质材料轻质条板墙、加气混凝土轻质条板墙三类。

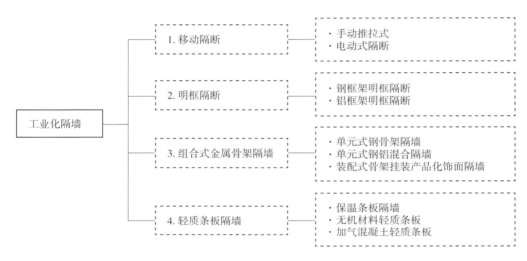

图 2-1 工业化隔墙系统分类

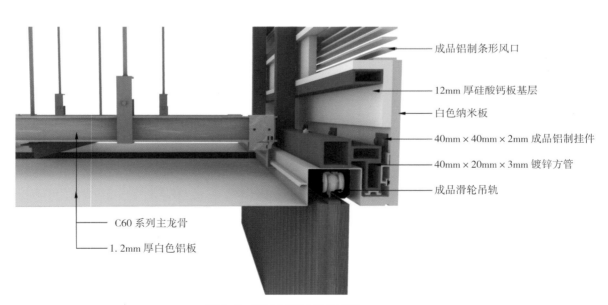

图 2-2 移动隔断三维模型图

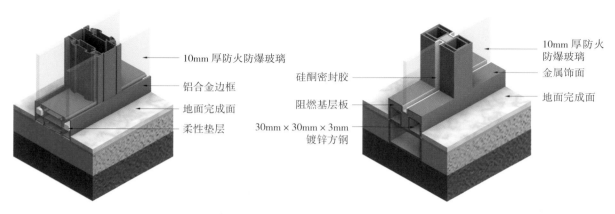

图 2-3　明框隔断—铝框架明框隔断三维图　　　　　图 2-4　明框隔断—钢框架明框隔断三维图

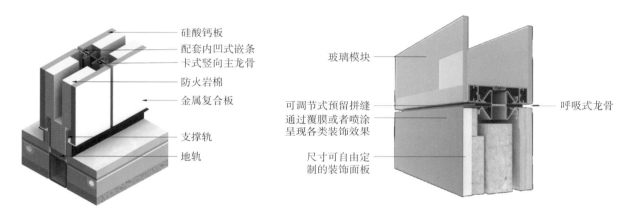

图 2-5　组合式金属骨架隔墙—装配式骨架挂装产品化饰面隔墙三维图

2.1.2.2　系统构成

　　装配式隔墙的核心在于采用装配式技术快速进行室内空间分隔，在不涉及承重结构的前提下，预制下单、快速搭建、交付、使用，为自饰面墙板建立支撑载体。装配式隔墙部品主要由组合支撑部件、连接部件、填充部件、饰面板、预加固部件等构成。

2.1.2.3　系统特点

　　隔墙部品属于非结构受力构件，因而在材质上具有轻质、高强、防火、防锈、耐久的特点，空腔内便于成套管线集成和隔声部品填充；在施工上具有模块化程度高、装配快速、易于搬运、灵活布置的特点，可以与混凝土结构、钢结构、木结构融合使用；具有节省空间、隔声防火、可逆装配、易于回收、美化空间等特点，满足用户改变房间功能分区的重置需要。针对国家提出的节能减排，建造绿色建筑的倡导，装配式墙体相较于传统轻钢龙骨隔墙更能减少人工投入，由于其特殊的可重复利用性能，更能减少二次装修的建筑垃圾。

2.1.2.4 应用场景

隔墙部品系统应用广泛，包含居住建筑、办公建筑、酒店公寓、医疗建筑、教育建筑、研究实验建筑、机场火车站等公共建筑的室内分隔墙（图 2-6 ~ 图 2-8）。针对不同特定空间需要具备的防水、防潮、防火、隔声、抗冲撞、防剐蹭等要求，通过在隔墙中填充增强性能的部品或调整产品结构来提高隔墙的整体性能。

图 2-6 移动隔断——无锡方舱医院

图 2-7 明框隔断——新开发银行总部大楼办公室

图 2-8　组合式金属骨架隔墙——新开发银行总部大楼办公室

2.1.3　工业化墙面系统

2.1.3.1　系统分类

工业化墙面系统可以分为自承力式超大板块可调式饰面干挂系统、附墙式饰面板块可调节干挂系统、附墙式饰面板块薄法干挂系统（依附于平整基层）三大类（图 2-9）。

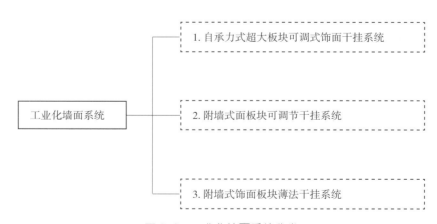

图 2-9　工业化墙面系统分类

2.1.3.2 系统构成

工业化墙面系统通常由产品化骨架、产品化连接件与产品化饰面三者组合构成（图2-10）。产品化骨架按材质可分为钢质骨架与铝合金骨架，骨架既可与原有结构墙体连接作为安装连接件与饰面板的载体，亦可通过各类连接件与饰面板背部连接，使饰面板成为一套具有自承重性能的独立整体（即模块化的饰面）。连接件是饰面板与骨架之间的桥梁纽带，将饰面板的自重传递给骨架系统进而传递于受力墙体，连接件根据需求可分为工作空间可调节式与薄法连接式，可调节式连接件可适应墙体不平整的状态，当前主流连接件的误差调节幅度在 26 ~ 51mm（图2-11）；薄法连接式连接件需要依附于平整的墙面之上，虽然不具备调节功能，但薄法连接件占用空间小，当前主流产品工作空间仅为 6mm（图2-12）。产品化饰面以工厂化生产为特征，出厂后即为产品状态，无须现场二次加工。根据基体材质，产品化墙饰面可分为金属单板饰面、金属复合板饰面、硅酸钙板饰面、木塑/竹木纤维饰面、雪弗板饰面，产品化饰面通过喷涂、覆膜、与天然材料复合、转印、滚涂、镀膜等、彩印等多种手段呈现出千变万化的饰面效果，是呈现墙面效果的重要元素（图2-13）。

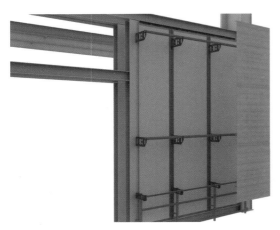

图 2-10　自承力超大板块可调式饰面干挂系统

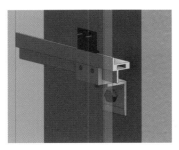

（a）调节空腔 35 ~ 51mm　　　　　　　　（b）调节空腔 26 ~ 50mm

图 2-11　附墙式饰面板块可调式干挂系统

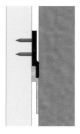

图 2-12　附墙式饰面板块薄法干挂系统及配套产品化调平件（空腔 6mm）　　图 2-13　自承力超大板块可调式饰面干挂系统应用（国家会展中心功能提升工程平行论坛）

2.1.3.3　系统特点

工业化墙面系统在材质上具有大板块、防水、防火、耐久的特点；在加工制造上易于进行表面复合技术处理，饰面仿真效果强、拼缝呈现工业构造的美感；在施工上完全采用干式工法，装配效率高，不受冬天、雨季的影响；在使用上具有可逆装配、防污耐磨、易于打理、易于保养、易于翻新等特点，特别是工厂整体包覆的壁纸、壁布墙板，侧面卷边包覆的工艺可以有效避免使用中的开裂、翘起等现象。

2.1.3.4　应用场景

目前看来，可以应用于所有建筑的室内空间，并且可以与干式工法的其他工业化部品很好地融合，如玻璃、不锈钢、干挂石材、成品实木等。

2.1.4　工业化吊顶系统

2.1.4.1　系统分类

装饰工程发展至今，天花吊顶系统已形成由钢骨架转换层、轻钢龙骨吊顶基层系统、配套连接件、个性化饰面的定制龙骨所构成的完备体系（图 2-14）。但在该体系中仍然存在钢骨架转换层需要焊接动火作业、轻钢龙骨造型天花系统采用木基层作为定制造型的主要基层材料等亟待完善的问题。工业化吊顶系统中，采用预留孔式钢制骨架可实现转换层的免焊接无火花紧固连接，定制龙骨和配套专用连接件可以充分避免木基层的使用，在原有基础上大幅提升工业化、产品化程度。另外各类定制收口条、连接件可以实现饰面板与饰面板之间的标准化过渡衔接。全装配式钢骨架转换层系统多用于公共建筑中的复杂大空间场景，将在后续章节进行单独介绍。

工业化吊顶系统可分为无木基层轻钢龙造型吊顶（图 2-15）、GRG 造型天花（图 2-16）、透光膜天花（图 2-17）、金属天花等（图 2-18）。

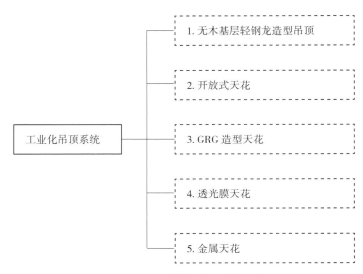

图 2-14　工业化吊顶系统分类

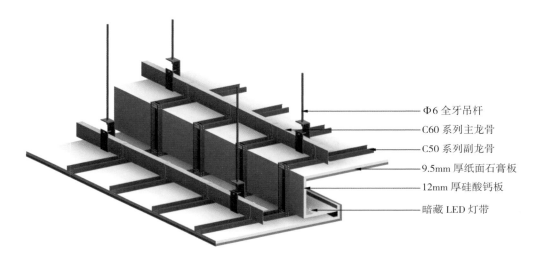

（a）跌级灯槽节点

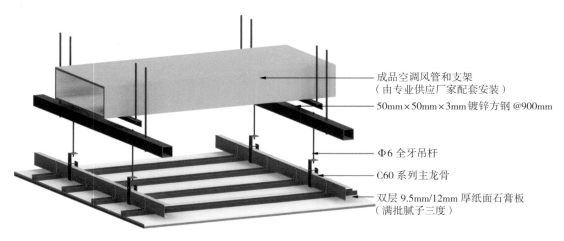

（b）风管避让节点

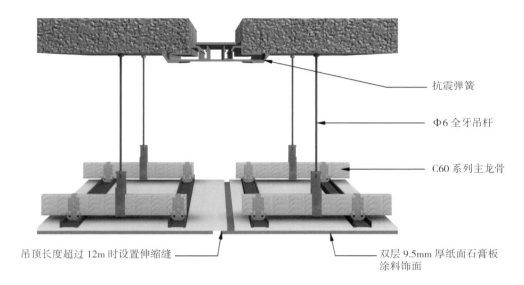

抗震弹簧

Φ6 全牙吊杆

C60 系列主龙骨

吊顶长度超过 12m 时设置伸缩缝

双层 9.5mm 厚纸面石膏板涂料饰面

（c）伸缩缝节点

图 2-15　无木基层轻钢龙骨吊顶三维图

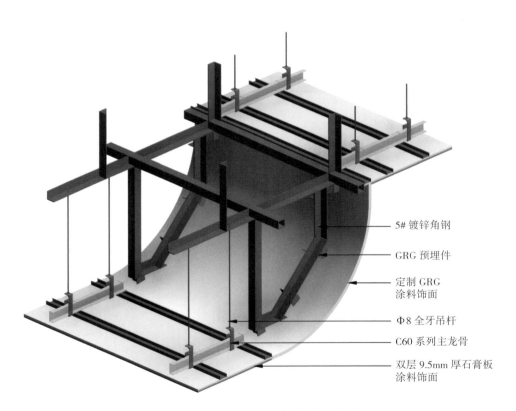

5# 镀锌角钢

GRG 预埋件

定制 GRG 涂料饰面

Φ8 全牙吊杆

C60 系列主龙骨

双层 9.5mm 厚石膏板涂料饰面

图 2-16　GRG 造型天花三维图

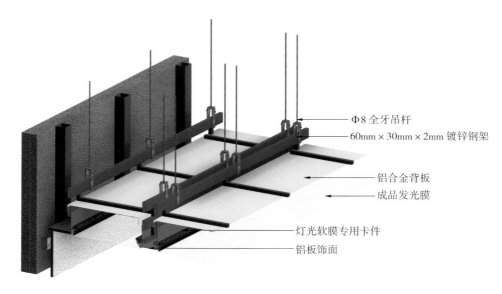

Φ8 全牙吊杆

60mm×30mm×2mm 镀锌钢架

铝合金背板

成品发光膜

灯光软膜专用卡件

铝板饰面

图 2-17　透光膜天花三维图

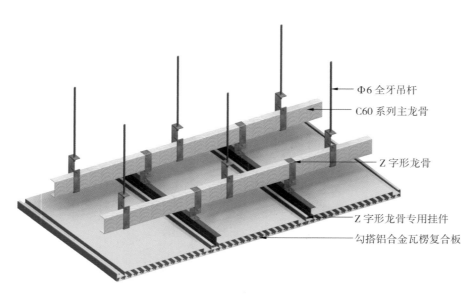

Φ6 全牙吊杆

C60 系列主龙骨

Z 字形龙骨

Z 字形龙骨专用挂件

勾搭铝合金瓦楞复合板

图 2-18　金属天花三维图

2.1.4.2　系统构成

1）装饰面板

天花的装饰面层与墙面装饰面层的原理类似，根据使用要求，通过进行不同的饰面复合技术处理，表达出壁纸、布纹、石纹、木纹、皮纹、砖纹等各种质感和肌理的饰面，常见的天花饰面板材质有金属、无机复合物和有机复合物，饰面板的厚度、宽度和长度可根据空间定制。在顶板上，可根据设备配置需要，预留换气扇、浴霸、排烟管、内嵌式灯具等各种开口并进行集成形成模块。

2）连接件

无木基层轻钢龙骨吊顶系统配件如表 2-1 所示。

表 2-1　无木基层轻钢龙骨吊顶系统配件

序号	构件名称	构件模型	构件实物	构件连接方式
1	水平连接件（平接式）			
2	水平连接件（跌级式）			
3	水平连接件（跌级式）			
4	垂直连接件			
5	板龙骨连接件			
6	板龙骨吊件			
7	板直线连接件			
8	板直角连接件			
9	板定制角度连接件			
10	板T形连接件			

（续表）

序号	构件名称	构件模型	构件实物	构件连接方式
11	可调角度板连接件			
12	45° 水平连接件			
13	垂直限位件			
14	凹槽连接件			
15	垂直吊件			

2.1.4.3　系统特点

由于避免了木基层的使用，转而采用定制龙骨与连接件进行天花各种造型的呈现，无木基层轻钢龙骨系统避免了大量的现场木作二次加工。与此同时，由于采用产品化的构件，吊顶的质量相较于依赖现场人工加工的方式更为稳定，且装配效率更高。免去木基层的使用后，因现场环境温湿度影响造型木基层霉变的隐患也因此杜绝，并同时避免了木基层产生有害物质影响室内空气品质的问题。

2.1.4.4　应用场景

目前，无木基层龙骨系统已具备适应各类标准空间场景中天花的装饰要求。但在饰面选用上，当前受众尚不能普遍接受标准空间场景中天花工艺缝过多的情况。但伴随产品设计的不断提升，全装配化吊顶会逐步成为市场的一项重要备选方式（图 2-19 ～ 图 2-22）。

图 2-19　开放式天花——西湖大学实验室金属网吊顶搭配工业化线型灯

图 2-20　开放式天花——天目里江南布衣总部园区开敞办公区钢格栅开放式吊顶

图 2-21　开放式天花——天目里江南布衣总部园区会议区单元板块式石膏板半开放式吊顶

图 2-22 金属天花——成都天府机场大板块金属复合板

2.1.5 工业化地面系统

2.1.5.1 系统分类

工业化地面系统可分为架空式地面系统和整体式地面系统两大类（图 2-23）。架空式工业化地面系统又可细分为钢质网络架空地板、木质面层架空地板（图 2-24）、聚丙烯面层架空地板（图 2-25）、高强尼龙（聚酰胺合成纤维）支架（图 2-26）+无机衬板架空系统四大类。

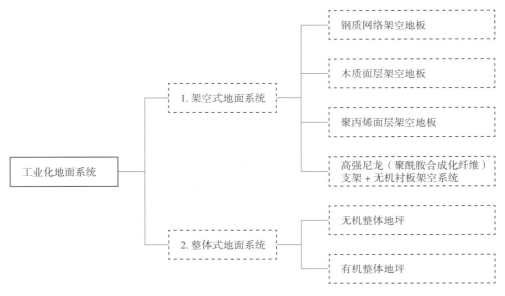

图 2-23 工业化地面系统分类

（a）木质面层架空地板

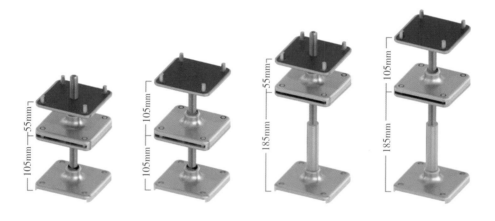

（b）架空地面配套调节支撑

图 2-24　木质面层架空地板和配套调节支撑

图 2-25　聚丙烯面层架空地板

图 2-26 高强尼龙调节支架

整体式工业化地面系统按材质可分为无机整体地坪与有机整体地坪两大类，其中无机整体地坪系统可分为现浇无机磨石整体地坪、硬化混凝土抛光地坪、微水泥地坪、水泥自流平地面、高性能混凝土半柔性地坪等多种类型。有机整体地坪可细分为现浇有机磨石整体地坪、弹性聚氨酯自流平、彩砂砂浆装饰性地面、纯聚氨酯弹性系统地面、纯聚氨酯弹性抛砂系统地面、聚氨酯自流平加聚氨酯耐磨罩面地坪、水泥自流平 + 高耐磨聚氨酯罩面系统等多种类别。

整体式工业化地面系统通过专业化的地坪施工机具结合工厂预制的产品化材料实现机械化施工，整体地坪的机械化作业方式将在 2.6 节有相关描述，本章节不再赘述。

2.1.5.2　系统构成

架空式地面系统可以在规避湿作业找平的前提下，架空式地面系统中最常见的，在装饰工程中属于成熟技术，不在此处赘述。新型架空地面系统由组合支撑部件、自饰面板和连接部件这三项产品装饰构件组合而成。其中，架空模块实现将架空、调平、支撑功能三合一；自饰面硅酸钙复合地板，材质偏中性，性能介于地砖和强化复合地板之间，并兼顾两者优势，地板可免胶安装。装配式架空地面部品主要由型钢架空地面模块、地面 PVC 调整脚、自饰面硅酸钙复合地板和连接部件构成。

1）组合支撑部件

型钢架空地面模块以型钢与高密度硅酸钙板基层为定制加工的模块，根据空间厚度需要，可以定制高度 20mm、30mm、40mm 系列的模块，标准模块宽度为 300mm 或 400mm，长度可以定制。点支撑地面 PVC 调整脚是将模块架空起来，形成管线穿过的空腔。调整脚根据处于的位置，分为短边调整脚和斜边调整脚，斜边调整脚在模块靠近墙边时使用。调整脚底部配有橡胶垫，起到减震和防侧滑功能。

2）自饰面板

自饰面硅酸钙复合地板适用于不同房间，可以选择石纹、木纹、砖纹、拼花等各种纹理的饰面，硅酸钙复合墙板厚度通常为10mm，宽度通常为200mm、400mm、600mm，长度通常为1 200mm、2 400mm。

3）连接部件

模块连接扣件将分散的模块横向连接起来，保持整体稳定（图2-27~图2-29）。

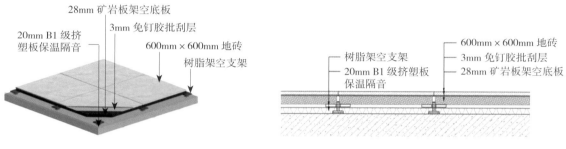

（a）嵌入式支架型架空地面三维图　　　（b）嵌入式支架型架空地面二维图

图2-27　嵌入式支架型架空地面

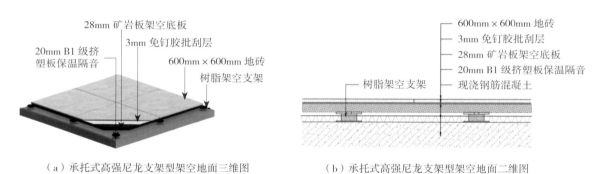

（a）承托式高强尼龙支架型架空地面三维图　　（b）承托式高强尼龙支架型架空地面二维图

图2-28　承托式高强尼龙支架型架空地面

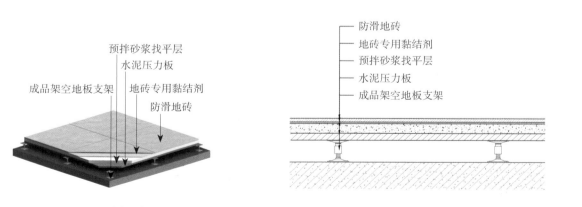

（a）金属支架型架空地面三维图　　　（b）金属支架型架空地面二维图

图2-29　金属支架型架空地面

连接扣件与调节支架使用米字头纤维螺丝连接，地脚螺栓调平的地面高度差范围为 0 ~ 50mm。边角用聚氨酯泡沫填充剂补强加固。地板之间采用工字形铝型材暗连接；需要做板缝装饰的可配合土字形铝型材做明连接，成为一个整体。

2.1.5.3 系统特点

装配式架空地面具有承载力大、耐久性好、整体性好的特点；在构造上能大幅度减轻楼板荷载、支撑结构牢固耐久且平整度高、易于回收；在施工上运输方便、调平简单、装配可逆、装配快捷；在使用上具有易于翻新、可扩展性等特点。架空地面系统地脚支撑的架空层内布置水电线管，集成化程度高。自饰面硅酸钙复合地板在材质上具有大板块、防水、防火、耐磨、耐久的特点；在加工制造上易于进行表面复合技术处理，饰面仿真效果强，密拼效果超越地砖，可媲美天然石材；在施工上完全采用干式工法，装配效率高；在使用上具有可逆装配、防污耐磨、易于打理、易于保养、易于翻新等特点。

需要引起注意的是，自饰面硅酸钙复合地板，但本身材质比瓷砖偏软，应避免锐器划伤。

2.1.5.4 应用场景

架空地面系统可以用于无采暖与防水要求的室内空间（图 2-30）。尤其是办公空间。

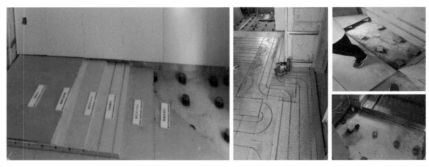

（a）高强尼龙支架架空地坪系统

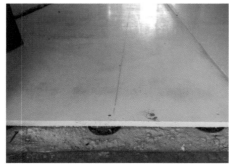

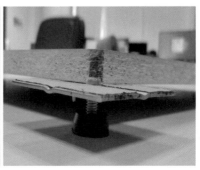

（b）超薄可调节经济型架空地坪　　　　（c）木质面层架空地板

图 2-30　工业化架空地面应用

2.1.6 装配式机电系统

2.1.6.1 系统分类

装配式机电系统可以分为给排水系统、强弱电系统、暖通系统（图 2-31）。

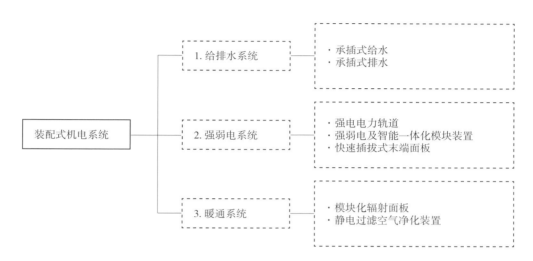

图 2-31 装配式机电系统分类

2.1.6.2 系统构成

1）装配式给排水系统

承插式给排水管道系统是装配式给排水系统的典型代表。承插式给排水管道采用定制插拔式连接的方式，而减少使用黏结和热熔等连接方式。系统由卡压式铝塑复合给水管、分水器、专用水管加固板、水管卡座、水管防结露部件等构成。复合给水管按照使用功能分为冷水管、热水管、中水管，并使用橡塑保温管防止水管结露（图 2-32～图 2-38）。

（a）MP 给水管系统　　　　（b）PB 给水管系统　　　　（c）PP-R 给水管系统
（连接方式：卡压、快插）　（连接方式：快插）　　　（连接方式：承插焊接、电融焊接）

图 2-32 常见给水管道系统对比

图 2-33　装配式给水系统产品化部件

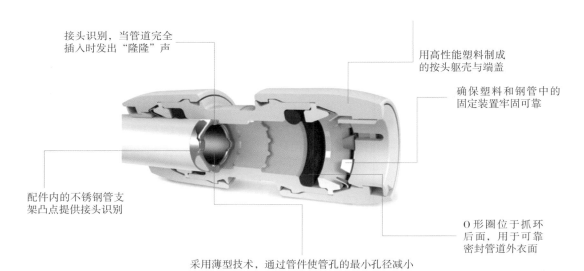

接头识别，当管道完全
插入时发出"隆隆"声

用高性能塑料制成
的按头躯壳与端盖

确保塑料和钢管中的
固定装置牢固可靠

配件内的不锈钢管支
架凸点提供接头识别

O 形圈位于抓环
后面，用于可靠
密封管道外衣面

采用薄型技术，通过管件使管孔的最小孔径减小

图 2-34　部件核心构造

①切割管道　　②插入不锈钢衬套　　③推入管件　　④旋转，检查是否连接到位

图 2-35　装配式给水系统产品化部件安装步骤

图 2-36 装配式排水系统产品化部件

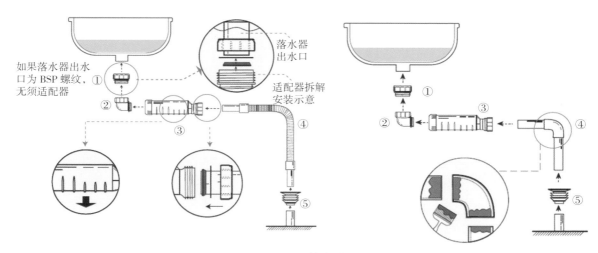

图 2-37 装配式排水系统连接及特点

图 2-38 装配式排水系统实体样板

2）装配式强弱电系统

基于智能安装概念的布线系统可实现整洁的布线结构。结合可插拔性，可实现快速安全安装的系统。此外，通过持续的三相电缆连接到负载可降低电压降并提高能效。

装配式强电系统采用了总线式系统的基本概念，结合插拔式的连接方式提升了系统的灵活性（图 2-39、图 2-40）。尤其是涉及大量相同房间的项目，如医院、酒店、办公室和行政大楼。

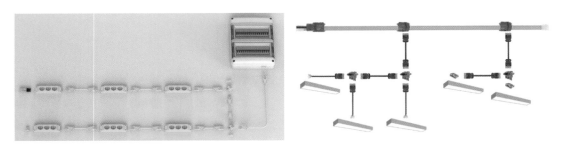

图 2-39 装配式强电系统

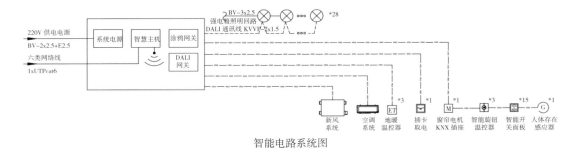

智能电路系统图

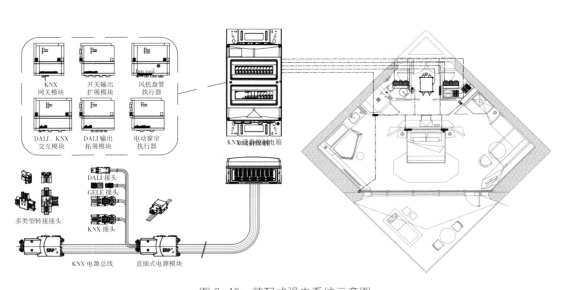

图 2-40 装配式强电系统示意图

扁平化的布线方式适用于酒店、医院、零售店和办公室。其三相系统可加载高达 50A 的电流（图 2-41）。输出适配器和接线电缆所需的安全装置均在系统分配单元中运行。

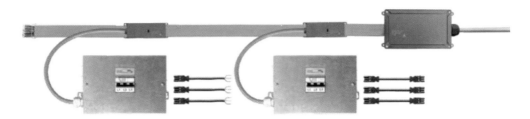

图 2-41　扁平化的布线方式

3）暖通系统

基于特殊反射材质的室内调温系统：该调温系统的天花板与墙壁均由厚度 15mm 的辐射石膏板和 EPS 预制板组成（图 2-42），加上含多层分配器地暖系统，使该系统能有效解决室内采暖与保温相关问题。该系统在墙壁和天花板上的"隐藏"插入不会产生任何美学影响，并且由于热量在房间内均匀且持续地分布，有效避免了常规暖通系统因受热不均而产生的局部发黑问题。

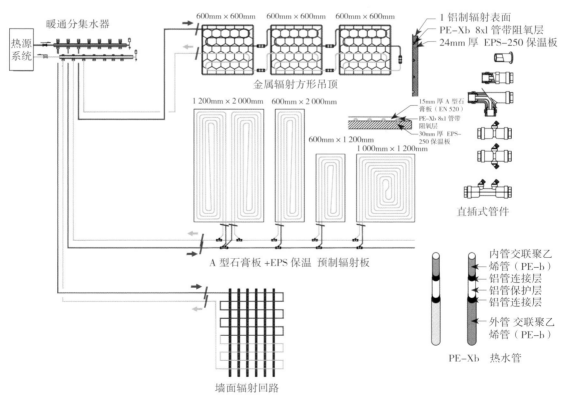

图 2-42　装配式排水系统

2.1.7 配套工业化标准模块

2.1.7.1 系统概述

　　洗漱台支架、消防箱暗门、管道井、浴缸支架、挂墙式坐便器背附骨架是各类装配式工程中极为常见的共性产品（图2-43），对该类产品进行标准化产品设计，统一模数与规格，实现批量化加工制作可以固化产品制作加工工艺、稳定产品质量、提升生产效率。

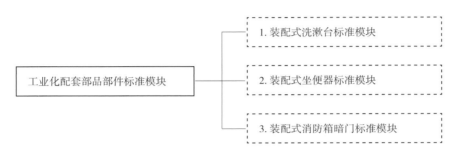

图2-43　工业化配套部品部件标准模块产品系统

2.1.7.2 系统分类

　　（1）装配式洗漱台标准模块（图2-44）。

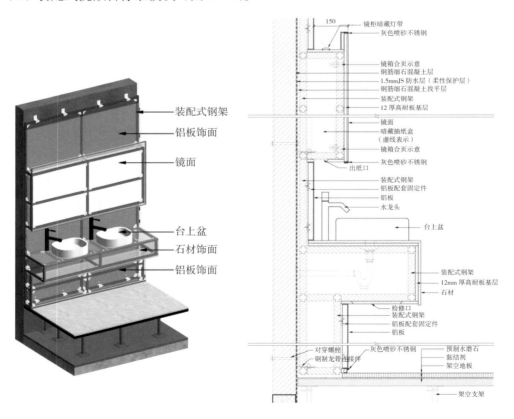

图2-44　标准化洗漱台系统

（2）装配式挂墙坐便器标准模块（图2-45）。

装配式钢架
铝板饰面
铝板饰面
12mm厚高耐板基层
挂壁式自动感应小便斗
成品隔断

装配式钢架
铝板饰面
铝板饰面
12mm厚高耐板基层
挂壁式隐蔽水箱坐便器

图 2-45　挂墙式坐便器背附骨架模块三维图

（3）装配式消防箱暗门标准模块（图2-46）。

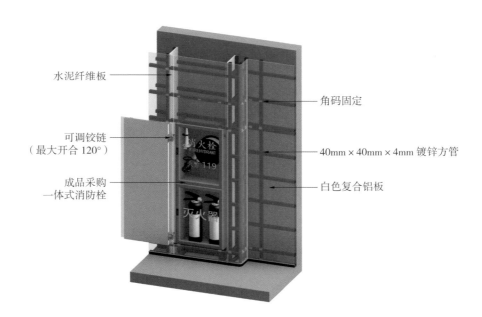

水泥纤维板
可调铰链
（最大开合120°）
成品采购
一体式消防栓

角码固定
40mm×40mm×4mm镀锌方管
白色复合铝板

图 2-46　全装配式消防箱暗门模块三维图

2.1.7.3　应用效果

上海中心 J 酒店卫生间台盆采用全装配工艺，与传统的台盆相比具有快速安装、拆卸和空间利用率高、定制灵活性、易于维护和清洁等特点，这种便利性使得安装过程更高效，可减少工人工作时间和劳动力成本（图 2-47）。

图 2-47　上海中心 J 酒店整体式装配台盆

2.1.8　配套工业化材料体系

2.1.8.1　配套工业化材料分类与构成

配套工业化材料按组成分类可分为无机材料、有机材料、复合材料三大类（图 2-48）。其中无机材料又可分为非金属材料、金属材料，有机材料可细分为植物质材料、沥青材料、合成高分子材料，复合材料可细分为金属与非金属材料复合、无机非金属与有机材料复合、金属与有机材料复合。

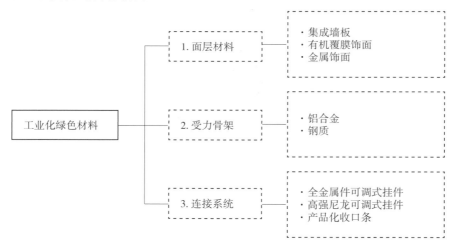

图 2-48　配套工业化材料按组成分类

配套工业化材料按系统构成可分为面层材料、受力骨架材料、连接系统材料。工业化面层材料包括集成墙板、金属饰面及新型复合饰面材料等。工业化受力骨架材料可分为铝合金受力骨架和钢制受力骨架材料两大类。工业化连接系统材料可分为全金属件可调式挂装系统、高强尼龙挂件可调式挂装系统及薄法干挂系统。

2.1.8.2 工业化面层材料

1）集成墙板

装配式墙面部品是在既有平整墙面、轻钢龙骨隔墙或者不平整结构墙上等墙面基层上，采用干式工法现场组合安装而成的集成化墙面，由自饰面硅酸钙复合墙板和连接部件等构成。

"快装板"业内也常将其叫作"集成墙板"，是一种通过对基材表面进行覆膜、喷涂实现木饰面、墙纸、硬包效果的新型材料。

（1）硅酸钙板覆膜／表面喷涂饰面（图 2-49）性能特点。

防火性能：A1 级不燃。

防水性能：防水性能较好。

强度较高：强度较高。

易于维护：性能稳定。

（a）硅酸钙板仿石材　　　　　　　　（b）材料断面大样

（c）硅酸钙板仿木饰面　　　　　　　　（d）硅酸钙板仿布艺硬包

图 2-49　硅酸钙板覆膜／表面喷涂饰面

（2）有机板覆膜饰面（图 2-50）性能特点。

防火性能：B1 级阻燃，离火自熄。

环保性能：有害物质释放量优于国家标准。

材质轻量化：密度为 0.92 ~ 0.98。

易于维护：耐水、防霉、防虫蛀等生物侵害、不易开裂。

工作性能：易于加工，握钉较强。

（a）有机板覆膜饰面仿木饰面

（b）有机板覆膜饰面仿墙纸 / 墙布饰面

图 2-50　有机板覆膜饰面

2）金属饰面

随着我国经济的不断发展，金属及金属复合装饰材料已被广泛应用，从传统的铝塑板、铝单板、彩钢板、铝蜂窝板、铝型材等，到近年新兴的金属装饰保温板、泡沫铝板、钛锌复合板、铜塑复合板、遮阳板等，丰富了金属材料的选择性。大量研究表明，与其他建筑材料相比，新型金属及金属复合材料产品可实现材料的循环利用，符合绿色低碳发展理念。

当前，市面上大量涌现的金属复合装饰材料，具有低成本、高性能等特点，符合国家节约能源和建筑材料节能的相关政策，因此拥有广阔的发展空间。其中主要包括铝塑复合板和蜂窝板等。

（1）铝单板。

是采用铝合金板材为基材，经过铬化等处理后，再经过数控折弯等技术成型，采用氟碳或粉末喷涂技术，加工形成的一种新建筑装饰材料。因其表面光滑、耐候性较好、便于清洁，被作为墙面及屋面材料，广泛应用于建筑室内外环境中。铝单板也大量应用于建筑室内吊顶，结合恰当的穿孔表面处理，可以作为很好的吸声材料（图2-51）。

图2-51　铝单板

铝单板安装工艺流程：铝单板应用于建筑幕墙安装主要有两种固定方式，一种是利用板型本身的挂钩设计固定，另外一种主要采用螺钉与龙骨固定方式（图2-52、图2-53）。

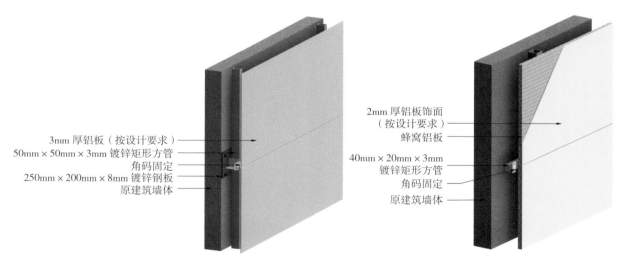

3mm厚铝板（按设计要求）
50mm×50mm×3mm镀锌矩形方管
角码固定
250mm×200mm×8mm镀锌钢板
原建筑墙体

2mm厚铝板饰面（按设计要求）
蜂窝铝板
40mm×20mm×3mm镀锌矩形方管
角码固定
原建筑墙体

图2-52　金属单板系统构造　　　　　图2-53　金属复合板系统构造

（2）蜂窝复合板饰面。

蜂窝复合板是根据蜂窝结构仿生学的原理开发的高强度新型环保建筑复合材料（图2-54）。蜂窝结构板材强度大、重量轻、平整度高、不易传导声和热等特点，是建筑的理想材料。市面上常见蜂窝结构板材主要包括装饰性蜂窝板及功能性蜂窝板两类。

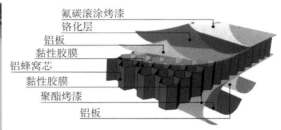

氟碳滚涂烤漆
铬化层
铝板
黏性胶膜
铝蜂窝芯
黏性胶膜
聚酯烤漆
铝板

图 2-54 铝蜂窝复合石材产品

（3）新型复合饰面。

超薄石材蜂窝复合板是一种新型环保建筑材料，是将天然石材薄切至 0.8～1.2mm 厚度，采用环保复合胶黏剂同铝板基层结合形成的新型复合材料，复合完成后的材料总厚度为 1.6～2.2mm，可以在还原天然石材肌理纹路的前提下实现轻薄、可弯曲的艺术效果（图 2-55）。

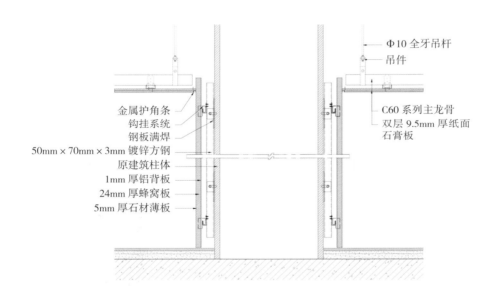

Φ10 全牙吊杆
吊件
金属护角条
钩挂系统
钢板满焊
50mm×70mm×3mm 镀锌方钢
原建筑柱体
1mm 厚铝背板
24mm 厚蜂窝板
5mm 厚石材薄板
C60 系列主龙骨
双层 9.5mm 厚纸面石膏板

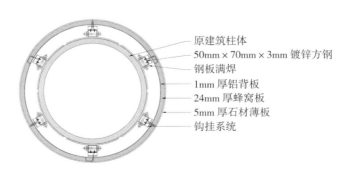

原建筑柱体
50mm×70mm×3mm 镀锌方钢
钢板满焊
1mm 厚铝背板
24mm 厚蜂窝板
5mm 厚石材薄板
钩挂系统

图 2-55 超薄石材复合板系统构造

2.1.8.3　工业化受力骨架

工业化受力骨架按材质可分为铝合金受力骨架（图 2-56）和钢制受力骨架（图 2-57）两大类。受力骨架按在系统内起到的作用可分为立柱型材与横梁型材，型材之间采用装配式连接件进行连接，从而形成稳定的结构体系。

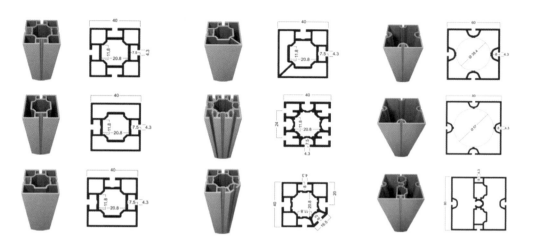

图 2-56　铝合金受力骨架

图 2-57　钢制受力骨架

2.1.8.4　工业化连接系统

1）全金属件可调式挂装系统

全金属件可调式挂装系统（调节空腔 35～51mm），常规调平组建系统构造（图 2-58），系统特点：

① 饰面板距墙体间距最小 35mm，最大可调至 51mm。安装预留尺寸 40mm，上下可调 8mm。

② 每平方米承重 100kg，适用于重型墙板干挂。

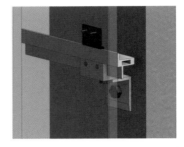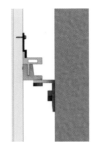

图 2-58　常规调平组建系统构造

③ 干挂系统安装后，仍可上下微调。

U 形调平组件用于墙板上下分段处，一套 U 形组件能起到两套常规调平组件的作用（图 2-59）。

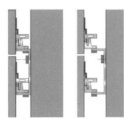

（a）U 形调平组件系统构造

（b）铝合金调平组件　　（c）铝合金 U 形调平组件　　（d）铝合金干挂型材　　（e）高强尼龙挂片

图 2-59　系统配件构成

2）高强尼龙挂件可调式挂装系统

高强尼龙（聚酰胺合成纤维）挂件可调式挂装系统（调节空腔 26～50mm），系统特点（图 2-60）：

① 饰面板护墙板距墙体最小间距 26mm，最大可调至 50mm，安装预留尺寸 35mm，上下可调 10mm。

② 每平方米承重 70kg。

③ 调平组建轻便、经济。

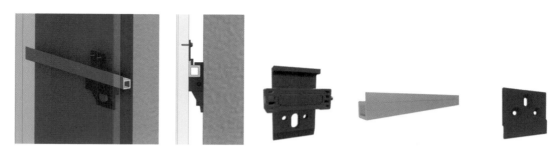

（a）高强尼龙挂件可调式挂装系统构造　　　　（b）高强尼龙调平组件　（c）铝合金干挂型材　（d）高强尼龙挂片

图 2-60　系统配件构成

3）薄法干挂系统

薄法干挂系统（空腔 6mm），系统特点（图 2-61）：

① 饰面板距墙 6mm。

② 平直墙面的最佳选择，造价低，安装快速。

连接件设置及消耗量：

① 调平组件左右建议间距 700mm，最大不超过 1m，上下间距不超过 0.9m。

② 宽度 1.2m 以内的饰面板，挂片安装于饰面板侧边。

③ 宽度超过 1.5m 的饰面板，饰面板中部布置挂片可有效防止变形。

④ 配件每平方米消耗量参考值：干挂型材 1.7m，护墙板挂片 4 个，调平组件 3 套。

（a）薄法干挂系统构造

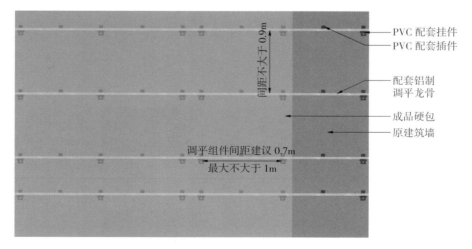

（b）连接件布置示意图

图 2-61　薄法干挂系统

特殊位置处理方式：

　　挂装系统可直接安装于在轻钢龙骨、矩形方钢管等受力骨架上，使用燕尾自钻孔螺丝固定调平组件（图 2-62）。安装结束后，干挂型材对受力骨架能够起到横向支撑的作用。饰面挂接时通过定制产品化收口条以钉接法或扣接法将装饰面板与挂装系统主龙骨连接固定（表 2-2）。

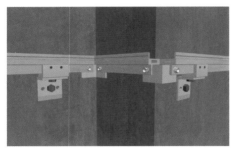
（a）全金属件可调式挂装系统转角位置处理

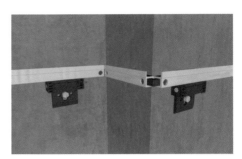
（b）高强尼龙挂件可调式挂装系统转角位置处理

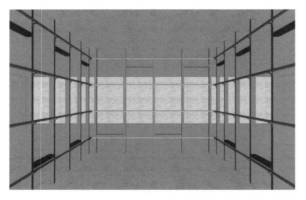
（c）挂装系统与受力骨架直接连接

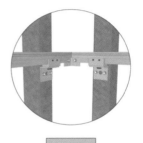
燕尾自钻孔螺丝

图 2-62　挂装系统结构示意图

表 2-2　产品化收口条

序号	名称	大样图	点图	三维剖面图	颜色	规格长度 /mm	单位
1	阳角收边线				哑光银色 哑香槟色 哑光金色 哑光黑色 玫瑰金色	2 500	根
2	阳角收边线				哑光银色 哑香槟色 哑光金色 哑光黑色 玫瑰金色	2 500	根

（续表）

序号	名称	大样图	点图	三维剖面图	颜色	规格长度 /mm	单位
3	弧形阳角收边线				哑光银色 哑香槟色 哑光金色 哑光黑色	2 500	根
4	弧形阳角收边线				哑光银色 哑香槟色 哑光金色 哑光黑色 玫瑰金色	2 500	根
5	楼梯踏步收口				哑光银色 哑光黑色 哑香槟色	2 500	根
6	L形阳角收边线				哑光银色 哑香槟色 哑光金色 哑光黑色	2 500	根
7	L形阳角收边线				哑光银色 哑香槟色 哑光金色 哑光黑色	2 500	根
8	阳角收边线				砂纹黑色 哑光银色 哑香槟色	2 500	根
9	阳角收边线				哑光银色 哑香槟色 哑光金色 亚光黑色	2 500	根

（续表）

序号	名称	大样图	点图	三维剖面图	颜色	规格长度 /mm	单位
10	阳角收边线				哑光银色 哑香槟色 哑光金色 哑光黑色	2 500	根
11	阳角收边线				哑光银色 哑香槟色 哑光金色 哑光黑色	2 500	根
12	阳角收边线				哑光银色 哑香槟色 哑光金色 哑光黑色	2 500	根
阴角收边型材							
1	阴角收边线				哑光银色 哑香槟色 哑光黑色	2 500	根
平角收边型材							
1	T 字形收边条				哑光银色 哑光黑色 哑香槟色 玫瑰金色	2 700	根
2	T 字形收边条				哑光银色 哑香槟色 玫瑰金色 哑光黑色	2 700	根

（续表）

序号	名称	大样图	点图	三维剖面图	颜色	规格长度/mm	单位
3	T字形收边条				哑香槟色 哑光银色 哑光黑色	2 700	根
4	T字形收边条				哑香槟色 哑光银色 哑光黑色 玫瑰金色	2 700	根
5	T字形收边条				哑香槟色 哑光银色 哑光黑色 玫瑰金色	2 700	根
6	T字形收边条				哑光银色 哑香槟色 哑光黑色 玫瑰金色	2 700	根
7	T字形收边条				哑光银色 哑香槟色 哑光黑色	2 700	根
8	T字形收边条				哑光银色 哑光金色 哑香槟色 砂纹黑色 玫瑰金色	2 500	根
9	T字形收边条				哑光银色 哑光金色 哑香槟色 砂纹黑色 玫瑰金色	2 500	根

（续表）

序号	名称	大样图	点图	三维剖面图	颜色	规格长度/mm	单位
10	T 字形收边条				哑光黑色哑光银色哑香槟色	2700	根
11	T 字形收边条				哑光银色哑光黑色哑香槟色	2700	根
12	T 字形收边条				哑光银色哑光黑色哑香槟色	2700	根
13	T 字形收边条				哑光银色哑光黑色哑香槟色	2700	根
14	T 字形收边条				哑光银色哑光黑色哑香槟色	2700	根
15	平角收边线				哑光银色哑香槟色哑光金色哑香黑色	2500	根
16	平角收边线				哑光银色哑香槟色哑光金色哑香黑色	2500	根

（续表）

序号	名称	大样图	点图	三维剖面图	颜色	规格长度/mm	单位
17	平角收边线				砂纹银色 哑光银色 哑香槟色 亮光金色	2 500	根
高低扣收边条							
1	T字形收边条				哑光银色 哑光黑色 哑香槟色	2 700	根
2	T字形收边条				砂纹黑色 哑光银色 哑香槟色	2 700	根
踢脚线收边型材							
1	踢脚线				哑光银色 哑光黑色 哑香槟色	2 500	根
2	踢脚线				哑光银色 哑光黑色 哑香槟色	2 500	根
3	踢脚线				哑光银色 哑光黑色 哑香槟色 哑光金色	2 500	根

（续表）

序号	名称	大样图	点图	三维剖面图	颜色	规格长度 /mm	单位
4	踢脚线				哑光银色 哑光黑色 哑香槟色	2 500	根
5	踢脚线				哑光黑色	2 500	根
6	踢脚线				哑光银色 哑光黑色 哑香槟色	2 500	根

2.2 复杂空间工业化建造技术

建筑装饰作为建筑领域的一个重要分支，是建筑业不可分割的部分。同时，装饰工程中具有大量的标准及非标部品部件，需要精准的场外定制加工，因此，建筑装饰又具有制造业的特性。

近年来大型公共建筑装饰工程呈大跨度空间、饰面造型复杂、构配件种类数量繁多、幕墙异型层次变体等特点。对超大空间、复杂饰面、特殊构件、多曲幕墙工业化建造技术进行了工程技术研究与集成实践应用。通过工业化工艺技术开发、优化与落地应用，能有效节约施工成本、缩短总体工期、提高现场劳动率和绿色化施工程度、减少建造环节碳排放，并且提升建造效率、稳定施工质量，进一步推动建筑装饰行业向工业化、信息化、数字化和智能化的道路快速迈进。

2.2.1 超大空间大板幅饰面工业化建造技术

2.2.1.1 装配式隔墙系统加工与安装方法

（1）概述：在建筑室内隔墙施工中，通常采用轻钢龙骨隔墙，传统做法为：现场定

位放线后，先布设天地龙骨，再安装竖向轻钢龙骨，最后安装通贯轻钢龙骨，体系超过3m时还需增设横撑轻钢龙骨，然后封单侧板，填充隔音岩棉，封双侧板。整体隔墙体系在现场工作量大，工序繁多，对工人技艺水平要求高，施工周期长，质量难以控制，且隔墙体系高度受限，不得高于5m，在面对超大空间内的隔墙体系和工期紧迫的工程时有着明显的局限性。因此，研发了一种适用于超大空间内的装配式隔墙系统加工与安装方法（图2-63）。

（2）技术特点：装配式隔墙体系依据结构钢柱和结构钢梁形成框架式结构的尺寸制备模块化隔墙板，在施工现场只需将模块化隔墙板依次拼接固定，形成装配式隔墙，通过安装辅助结构的辅助连接件将辅助支撑架体和装配式隔墙连为一体，并将饰面结构与

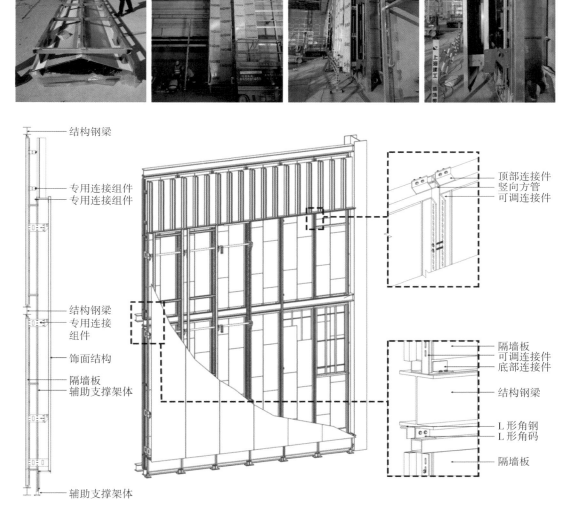

图 2-63　适用于超大空间的装配化隔墙系统的结构

辅助结构、装配式隔墙固定连接，能够保障超大饰面板的可靠连接。同时还便于调节、安装方便和可重复利用等优点。

　　通过模块化隔墙板的型材框架设计，使轻钢龙骨架体与型材框架形成了一个整体结构，具有整体性好，结构受力好，安全性高等优点，同时，在隔墙板的型材框架上设置的竖向方管一、竖向方管二及可调连接件，实现了隔墙板的快速拼装，大大提高了施工效率（图 2-64）。

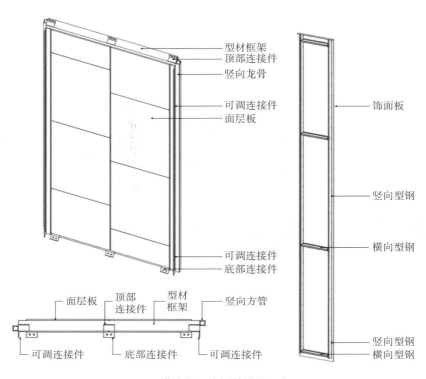

图 2-64　模块化隔墙板的结构示意图

2.2.1.2　大面积金属格栅整体加工与装配方法

　　（1）概述：金属格栅制品是装饰工程常用的饰面，通常由空心条状铝制品组合而成，多用于大型公共建筑中，如机场、剧场、展厅等场所。传统的格栅做法是单根制作，现场手工逐根安装，大面积安装，平整度难以控制，且加工及现场安装周期长，同时在一定程度上视觉效果较为单一，后期容易积聚灰尘，不方便清理，基于此，研发优化了一种新型装配式金属格栅系统整体加工与安装方法（图 2-65 ~ 图 2-67）。

　　（2）技术特点：区别于传统的格栅背景墙仅仅在墙面上安装龙骨，再将格栅板、格栅管等安装固定在龙骨上的做法，此项技术首先将竖向龙骨通过连接组件安装固定在墙体上，背衬板安装固定在竖向龙骨上，在背衬板的后端两侧分别设有折边并安装角码，最后通过角码将背衬板安装在竖向龙骨上。通过这种装配式、模块化加工及安装方法，有效提高了现场工作效率。

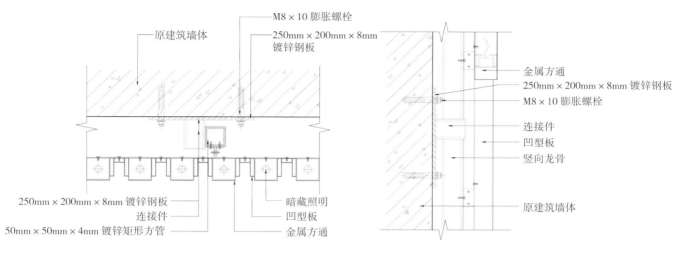

图 2-65 装配式金属格栅背景墙系统节点图

图 2-66 虹桥机场航站楼

图 2-67 上海国际舞蹈中心

通过将金属方通嵌装在预制板之间的方式,现场装配式安装,保证安装效果更加规整,精确度高,同时实现金属格栅背景墙安装便捷,整体装饰效果较好,且便于后期维护和清理,同时提高了现场装配率,减少了人工时间和经济成本。

2.2.1.3　石材金属复合造型工业化加工与安装方法

（1）概述：石材造型是常见的室内装饰饰面，多用于平面造型。传统的饰面墙多为金属饰面板墙面或者石材墙面，墙面整体采用相同的材料，墙面全部采用金属材料或者石材导致整个墙面较为单一，且整个墙面采用石材会消耗大量的材料，且对承重结构要求较高，成本较高；且传统的饰面墙在安装工艺上较为繁琐，安装效率也相对较低。基于此，研发了一种石材金属复合造型的饰面结构及其加工与安装方法（图 2-68）。

（2）技术特点：这种新型饰面结构相比传统的石材饰面或金属饰面更具有立体感和层次感；饰面单元可以进行拆卸、安装，便于后期清洁、维护，也便于批量化生产；安装时更加便捷，将饰面结构与墙体一侧的骨架连接即可实现安装。

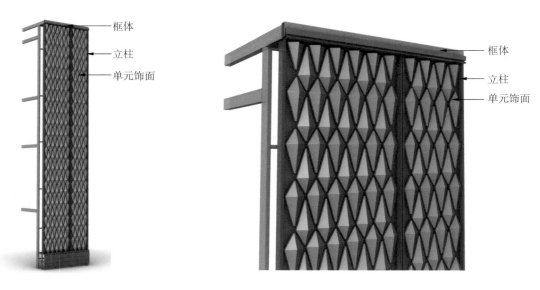

（a）整体结构示意图

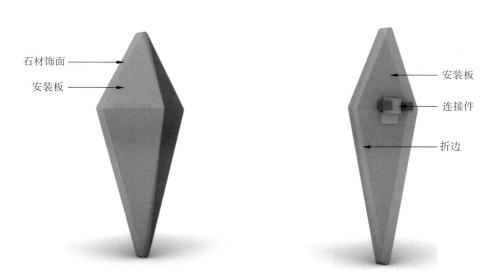

（b）单元结构示意图

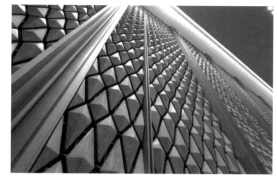

（c）安装完成后照片 　　　　　　　　　　　（d）施工现场照片

图 2-68　石材金属复合造型结构示意图与效果照

2.2.1.4　六边形发光单元吊顶加工与安装方法

（1）概述：装饰工程中吊灯灯具种类繁多，不规则灯具组合方式较为单一，且容易出现定位不准确现象，使灯具的使用达不到理想效果。随着用户审美意识的提升和个性化的要求，公装风格的衍生产品不断发展，具有多层次、多样化、多风格的发展趋势。基于此，研发了一种六边形发光单元及其组合吊顶加工与安装方法（图 2-69）。

（2）技术特点：六边形发光单元可以根据需要组合成多种形式，满足不同场景、不同人群需求；组装完成后可直接进行模块化安装，定位准确，便于安装。

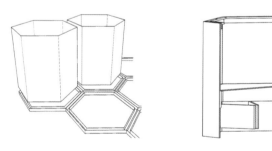

（a）结构示意图

（b）设计效果图 　　　　　　　　　　　（c）完成后实景图

图 2-69　六边形发光单元及其组合吊顶

2.2.1.5　大面积桁架吊顶模块安装方法

（1）概述：桁架结构常用于大空间建筑屋面体系，如大跨度的厂房、展览馆、体育馆和桥梁等公共建筑，有跨度大、高度高、多曲面等特点。针对异形大空间吊顶施工作业，若采用传统的移动式脚手架，则不能针对异形多变高程屋面，且移动不方便；若采用满堂脚手架，则存在搭拆量大，且人工及经济成本高，同时影响地面施工。基于此，研发优化了一种创新有效、施工快速的大面积桁架吊顶装配化模块安装方法（图2-70）。

（2）技术特点：在吊顶系统中，设置三维可调节转换层，由 X 方向转换龙骨和 Y 方向转换龙骨组成；同时设置吊顶单元模块，通过调节模块，调节吊顶面板 Z 轴方向上的位置，以此达到调节相邻两块吊顶面板的高度差，完成吊顶整体的坡度效果；创新性地使用单元模块地面组装系统，可异地组装，吊装时，再平移至吊装位置，最大限度不影响平行施工内容。

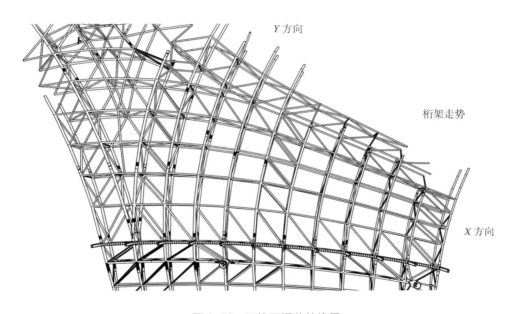

图 2-70　三维可调节转换层

三维可调节转换层，由 X 方向转换龙骨和 Y 方向转换龙骨组成。由于吊顶的吊杆不能直接固定在二力杆之间，为满足吊顶的有效固定，增设受力转换层（图2-71）。受力转换层不仅满足受力，还要满足桁架的双曲走势，本系统 X 方向龙骨通过合页的转动可调节龙骨 XY 平面上的位置，调节 Z 轴方向调节器达到调节 Z 轴方向的位置。Y 方向龙骨由一段段 C 型钢架设在 X 方向龙骨上，亦能达到满足桁架曲线走势的要求（图2-72）。通过以上设计，达到整体转换成三维可调节效果。

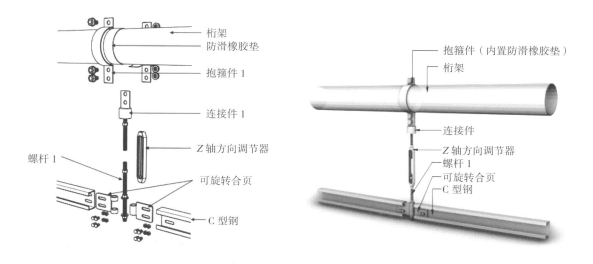

图 2-71　三维可调节转换层

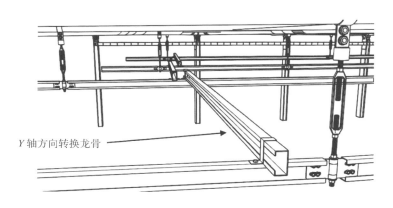

图 2-72　Y 轴方向转换龙骨

单元模块地面组装支架。由六组组装支架组成。组装支架由方管焊接而成，底部设置三组万向轮，顶部设置螺杆、螺母，用于和单元框架连接。单元吊顶模块地面组装时，可异地组装，吊装时，再平移至吊装位置，最大限度不影响平行施工内容（图 2-73）。

图 2-73　单元模块

　　通过转换层三维可调节的设置，使得转换层可延续桁架双曲走势，亦能满足异形吊顶的安装需要；通过划分吊顶单元模块，以单元模块为对象进行整体式组装和吊装，完成吊顶"装配化"的施工要求；通过设计单元模块地面组装支架，使得单元吊顶模块在地面更加有效和快捷地完成拼装；同时吊顶龙骨和吊顶面层之间配置调节模块，达到微调吊顶饰面高程的要求，用于异性坡度吊顶更有优势（图 2-74）；同时现场采用钢丝绳和电动葫芦完成单元吊顶模块的拼装，实现快速施工（图 2-75）。

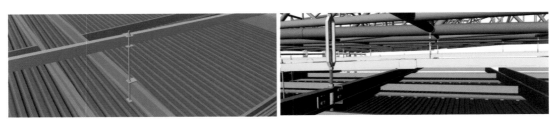

（a）单元框架和吊顶龙骨连接节点图

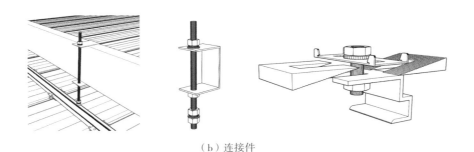

（b）连接件

图 2-74　单元框架和吊顶龙骨连接节点图及连接件

（a）设计效果图

（b）完成后实景图

图 2-75　设计效果图与实景图

2.2.1.6　石材地坪架空预装方法

（1）概述：石材地坪是室内空间中常用的一种地坪做法，传统作业方法在现场施工时，需要经常检查石材地坪实际安装效果，存在整体预排工作量大，并且基层不平整影响预排效果等问题。基于此，研发优化了一种及一种石材地坪架空预装方法，既满足了设计师检查整体安装效果的要求，也避免了反复的工作量（图2-76）。

（2）技术特点：区别于传统石材铺贴工艺在混凝土基层的基础上需要先施工找平层，在其上铺贴石材的做法，在石材地坪的混凝土基层上设置至少一个垫块，将各垫块叠合在一起，将背栓螺丝的一端支撑于最顶部的垫块上。通过选择不同高度的垫块及组合多个垫块，石材面层的高度和水平度可以通过人工反复调节，可实现石材地坪直接现场整场预排，效果达到设计要求后可直接进行注入水泥砂浆的施工，不再需要收起石材地坪后再分块施工，石材地坪施工不再需要找平层。

通过采用石材架空系统，将预排和实际施工一体化操作，有效地减少了工作面高度，石材地坪铺贴时，对混凝土基层的要求不再严格，石材铺贴在金属楼梯台阶也成为可能，同时提高了现场的施工效率和人工成本。

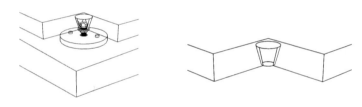

图 2-76　结构示意图

2.2.1.7　无龙骨减震吸声保温的架空地板系统

（1）概述：在本项技术出现前室内木地板的铺贴主要采取的是以下两种工艺：①在结构楼板上，通过木龙骨找平，后满铺毛地板后铺贴防潮垫和木地板；②对结构楼板找平后作自流平处理，后铺贴防潮垫和木地板。对于以上两种方案，分别存在不同的弊端。使用木龙骨体系，木龙骨及毛地板直接与楼板接触，容易受潮或发生虫蛀，导致龙骨腐蚀、木龙骨的调平能力较弱，对原结构平整度要求较高、没有专门的龙骨调节件，调平手段比较原始。采用楼板自流平体系，对结构楼板初始平整度要求高、若结构楼板平整度不佳，需要增加找平处理，工艺繁琐且周期长、自流平工艺的平整度要求高、自流平工艺需要养护期，且大面施工存在接缝，处理难度大、自流平费用较高、地面安装管线需要开槽并修补完成等问题（图2-77）。

（2）技术特点：采用无龙骨减震吸声保温的架空地板系统能够解决传统木地板采用木龙骨的方式产生的受潮霉变、虫蛀等问题，此外，调平支架通过构件设计，实现了架空层30～100mm范围可调。

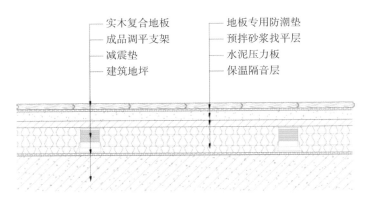

实木复合地板
成品调平支架
减震垫
建筑地坪

地板专用防潮垫
预拌砂浆找平层
水泥压力板
保温隔音层

图 2-77 无龙骨减震吸声保温的架空地板系统构造图

2.2.2 复杂饰面工业化建造技术

2.2.2.1 大面积多曲复杂木饰面单元板块精准定位加工方法

（1）概述：对于复杂异形装饰面的建筑物，特别涉及飘带类带有艺术造型的构筑物，目前是数字化辅助设计，加上数控加工等技术，直接基层和饰面一体化完成，再进行现场直接组装。但对于大型场馆内部木饰面飘带而言，其要求较多且严格，不仅仅是外形精度要求高，还需要保证满足声学要求和外观流畅无缝等，这导致多数异形木饰面无法通过一种材料直接装配式组装来实现，必须经过精密的计算和科学的分件施工才能够实现。基于此研发了大面积多曲复杂木饰面的单元板块塑形与精装定位加工方法（图 2-78）。

（2）技术特点：大面积多曲复杂木饰面的单元板块塑性与精装定位加工方法其分为三个环节。即分件环节，将通过将数字化技术手段深化的三维整体飘带状饰物模型分件成为便于加工、生产、运输和安装的形式；外加工环节，通过自主研发的塑形与精装定位加工装置，将分件后的单元构件逐个实体制造出来，保证制造精度与相邻的连接精度；安装环节，在室内安装位置设置基层构架满足安装位置需要和可调节性，设定科学的安装流程，确保安装精度和连贯性，专门设计面层结构满足声学和造型的要求。

此方法克服现有技术的不足，提供了精准定位加工装置。通过若干环节分步骤完成设计、分件、加工与施工，加工出的单元板块尺寸精准，拼装简单，组合后的飘带饰物灵动、飘逸且富有质感，取得了良好的社会效益和经济效益。

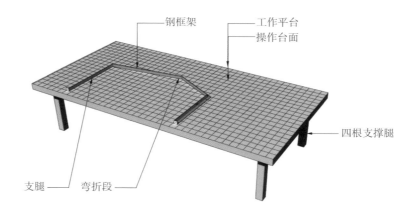

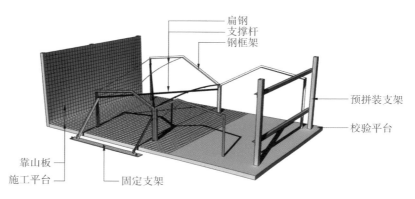

（a）大面积多曲复杂木饰面单元板块的塑形与精准定位加工装置中加工校验平台的结构示意图

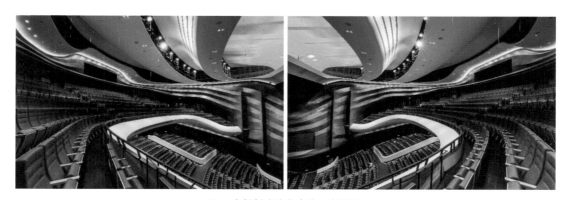

（b）九棵树未来艺术中心实景照

图 2-78　结构示意图与实景照

2.2.2.2　大面积多曲复杂木饰面模块化安装方法

（1）概述：现在行业内主流异形木饰面通常是按照工厂加工能力和板材的规格进行分件，安装完成后木饰面板块之间都必须留有工艺缝。针对剧院内墙面飘带状装饰面的施工，根据造型，需要达到刚柔并济，阴阳角分明，无分缝，同时在剧院内需要考虑声学、材料共振，防火，温度变化影响，结构强度等系列问题。因此，研发了大面积多曲复杂木饰面模块化安装方法（图2-79）。

（2）技术特点：模块化的组成体系包括基层构架、单元构件和木饰面面层。安装方法是其单元构件拼装完成后，在钢板蒙面的背面粘贴石膏板条进行配重以满足声学要求，在钢板蒙面的表面固定高密度板条，最后在高密度板条上贴木皮，此形式便于安装并且不会造成表面漆皮和开裂的风险。为加强不同材料的连接强度，钢板蒙面表面布满密集的小孔洞。通过多层形式的表面处理，使得大型的飘带状饰物能够满足艺术场馆的声学要求，又能够表面具有飘逸的动态造型。

大面积多曲复杂木饰面模块化安装方式，通过基层构架进行精确塑性，通过单元构件保证声学要求，通过木饰面层保证造型一体化。此方式很好地解决了单一材料无法满足声学及形体一体化的问题。整体造型具有灵动飘逸的气质和实木质感，满足了艺术场馆声学要求，具有防火阻燃的功能，同时大大减少了经济成本。

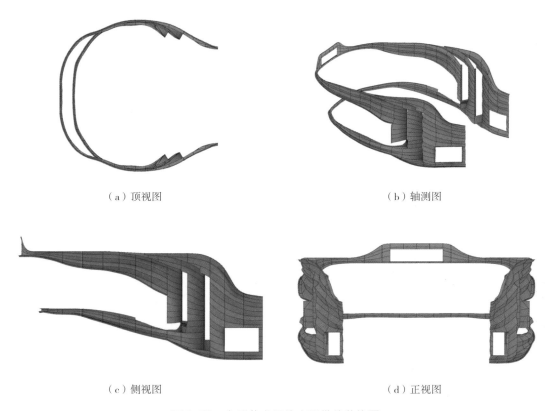

（a）顶视图　　　　　　　　　　　　　（b）轴测图

（c）侧视图　　　　　　　　　　　　　（d）正视图

图2-79　大型艺术场馆内飘带状装饰面

2.2.2.3　装配式可拆卸艺术透光玻璃墙安装系统

（1）概述：随着施工技术进步和生活水平、档次的提高，装饰行业对于金属框透光玻璃墙面安装系统的应用越来越多，要求也越来越严格。金属、玻璃饰面以及灯光系统，

在建筑装饰设计及应用中并不少见。传统的金属框一般为整体型材，玻璃安装在金属框的固定槽内后，需要设置金属压条。这种结构形式存在施工繁琐，收头效果不美观、检修时需要破坏性拆除等问题。基于此，研发优化了一种装配式可拆卸艺术透光玻璃墙安装系统（图2-80）。

（2）技术特点：运用装配式做法，通过将玻璃的金属框设计成由竖向内侧框和竖向外侧框扣合而成的结构形式，避免了在玻璃墙面打胶固定金属压条，实现透光玻璃的无缝拼接。在保证设计效果同时，达到简化施工工序、运维过程拆卸方便的目的。

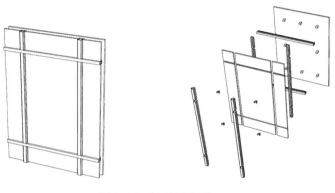

图2-80　结构示意图

2.2.2.4　适用于大板幅石材饰面的三维可调式连接系统

（1）概述：装饰面板一般设置在建筑物室内屋顶或者墙体上，以用于对吊顶、墙面进行内部装饰。现有技术中的装饰面板干挂系统，包括龙骨以及通过螺钉或者卡扣安装在龙骨上的装饰面板。由于装饰面板之间不便调节，导致其安装精度较差，则在装饰面板之间的经常会出现平整度参差不齐的缺陷。特别是对于曲面吊顶来说，由于吊顶不是平面，因此，在不能进行三维调节的情况下，会出现平整度参差不齐的缺陷，而现有技术中的装饰面板干挂系统，不方便调节且安装精度较差。基于此，研发了一种适用于大板幅石材饰面的三维可调式连接系统（图2-81）。

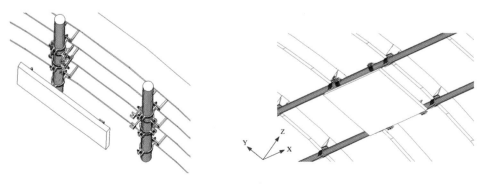

（a）结构示意图

（b）完成后实景照

图 2-81　结构示意图与实景照

（2）技术特点：通过这种新型上 / 下挂连接件的设置，实现装饰面板在 X 方向、Y 方向和 Z 方向的微调节，不仅方便了装饰面板的调节，而且还能够提高装饰面板的安装精度，实现复杂多曲面石材吊顶安装。

2.2.3　复杂艺术构件工业化复原与建造技术

2.2.3.1　可追溯式历史建筑构件复原技术

（1）概述：在经历多年自然侵蚀和人为破坏后，各类历史建筑普遍需要进行立面修复、残损构件修复等保护性修缮工作。历史建筑外立面修缮工程由于作业环境复杂，材料种类繁多等特征，导致其构件信息化管理能级偏低，往往以人工表单式统计为主，其准确性及时效性难以保障，会存在因构件信息记录不完整、各方沟通不准确、施工计划制定不合理等问题而导致构件丢失、存储无序、管理混乱，从而难以实现历史建筑构件原位复原安装以及停工待料、二次搬运等情况发生。

（2）技术特点：通过开展基于数字标签的可追溯式装饰构配件物流管理技术创新研究，基于 BIM 模型对历史建筑外立面修缮过程中的每个相关构件进行编码统计、信息录入、数字标签绑定等工作，从而实现可追溯式的历史建筑构件复原。结合自主开发的构件级全过程物流跟踪管理平台，以计划管理为核心，将各业务流程串联起来，实现装饰构件从前期勘察、拆除卸解、运输入库、复原修缮、原位安装等全过程的高效管控。结合 BIM 模型，利用可视化技术直观展现项目实际进度与计划进度的对比，进行智能预警，通过管理过程数据网状关联，能追溯到所有操作过程，打破数据"孤岛"，确保历史建筑所有构件都实现可追溯式的逐一拆除和逐一复原安装。

在上海展览中心外立面保护修缮工程中，对序馆钢塔铜板及装饰构件进行建模、编码、拆分和数量提取，分析记录构件之间的安装关系及顺序，并对其拆除及安装工艺工

序进行数字化施工模拟。建立了基于数字标签的可追溯式装饰构配件物流管理系统，实现项目序馆钢塔上千个不同构件的逐一追踪。通过扫描即可记录不同构件的型号、规格、数量、安装位置、修缮进度等各类信息；通过对每一块饰面板、每一组基层进行二维码数据编码，即可确保构件的唯一性；通过对卸解、运输、修缮、安装等全过程进行数字化管控，确保每个构件都能在修整完毕后准确无误地安装回原本的位置并且不发生任何错位及丢失（图 2-82）。

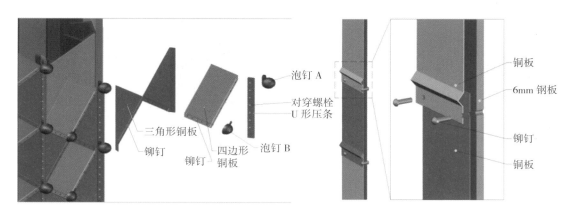

（a）序馆钢塔铜板及装饰构件分解及复原安装模拟

标签扫描识别　　　　　　　查看构建信息　　　　　　　跟踪工作进度

（b）历史建筑构件全过程跟踪管理系统（手机端）

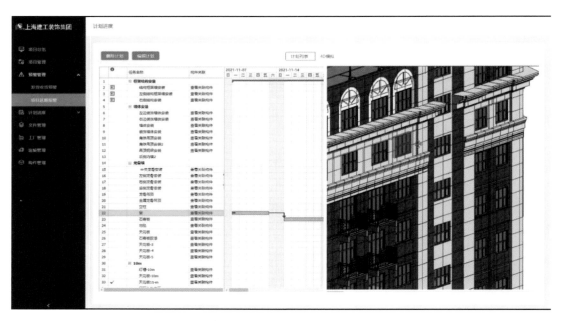

（c）历史建筑构件全过程跟踪管理系统（网页端）

图 2-82　历史建筑构件建模和全过程跟踪管理系统

2.2.3.2　工业风金属制品安装方法

（1）概述：区别于老派建筑的内部采用饰面材料的外形、质感、色彩搭配来展现内部空间的装饰效果。工业风建筑通常以突出当代工业技术成就，并在建筑形体和室内环境设计中加以炫耀，崇尚"机械美"，在室内暴露梁板、网架等结构构件以及风管、线缆等各种设备和管道，强调工艺技术与时代感。金属制品是展现工业风场景的重要元素，尤其是采用机械连接的方式与清水混凝土等工业风元素进行组合可以呈现特殊的空间装饰效果（图 2-83）。

（2）技术特点：装以明螺栓金属饰面、可调式金属格栅天花为代表工业风金属制品通过可调节式连接件采用明螺栓等物理连接方式进行固定。工业风金属制品安装方法具有快装、可拆、可维修的特点，解决建筑表面不平整、建筑基体结构不规则或者渐变的应用场景（同样可适应于规则化的建筑基体结构）。技术不仅适用于常规尺寸的金属饰面，特别适用于超规格尺寸的金属饰面。系统中定制连接件的特色是通过一种集成化的定制连接件同时实现 *XYZ* 三轴方向的自由调节。

工业风金属制品的安装方法效果在于，通过金属装饰面层、连接转换构造与紧固件三者的最大程度集成，省去了现场过多的安装操作环节，可调节式构造设计不仅具有操作简单、施工速度快的特点，还确保了安装质量的稳定，降低了质量风险，也解决了在建筑基体结构不规则情况下的安装难度。

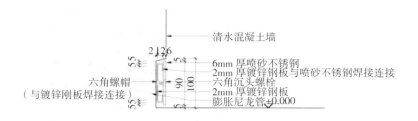

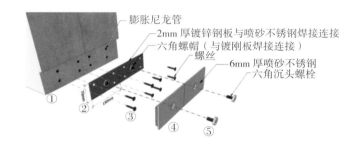

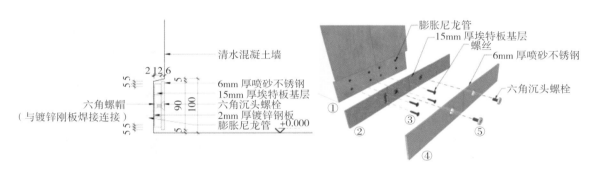

（a）明螺栓装饰的卡扣型钢制踢脚线的安装方法

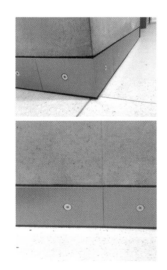

（b）明螺栓装饰的卡扣型钢制
踢脚线

（c）单元格栅式金属饰面

图 2-83　明螺栓金属饰面和单元格栅式金属饰面

2.2.3.3　展品展柜工业化加工与安装技术

（1）概述：大型展示台是各类展厅和展会上的主要装置。随着展览品质的升级，对展台的要求也越来越高，形状也复杂多变，常用弧形等异形曲线。这就带来一些难以解决的问题：展台面使用钣金制作，其焊接过程会产生变形导致曲线不准确；另一方面展台前部的玻璃板在钢化过程中也会变形，不能贴合钣金。但是，现有的展台加工技术并不能保证细部方便的调整，从而难以确保安装造型的准确。此外，展览为了摆放展品或维持视觉效果，展台下往往需要大体积净空，但制作大净空必须改变结构形式，导致受力偏向一边容易倾覆，目前没有提出很好的设计方法来解决这个问题。鉴于此，研发优化了一种可调整细部造型的大净空物品陈列展示的装置（图 2-84）。

（2）技术特点：为了调整细部造型，展示台主体分成三段，并利用以下方式令其可在三个自由度方向上精确调整；外玻璃板与边缘之间以柔性薄垫片分隔，可防止摩擦痕迹，同时不影响精细尺寸。采用自清洁涂层做法，方便缝隙处安装后清洁。将展示台的三根支撑柱全部设置在内侧，形成展台底部至观众方向的净空最大化。为应对这样的结构容易倾覆的问题，如图，利用展厅土建结构的升板区域，在结构钢筋中预埋展台的底座，然后安装中柱脚与底座以固定螺栓连接，使底座与柱底形成刚性节点，限制转角位移。这样三个柱脚可以抵抗倾覆力矩荷载。

通过边缘曲线造型上无须精度过高，节约加工成本，以三自由度可调工艺保证贴合所需造型；在贴合外玻璃板的情况下通过构造措施可以有效防止摩擦痕迹并方便后续

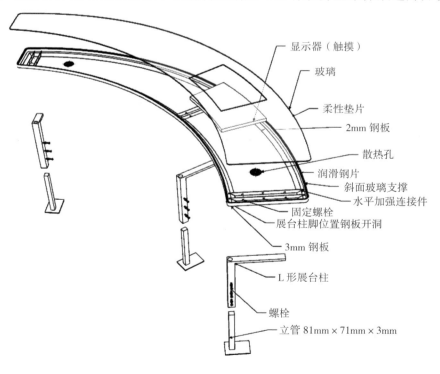

显示器（触摸）
玻璃
柔性垫片
2mm 钢板
散热孔
润滑钢片
斜面玻璃支撑
水平加强连接件
固定螺栓
展台柱脚位置钢板开洞
3mm 钢板
L 形展台柱
螺栓
立管 81mm×71mm×3mm

图 2-84　大净空三段式展示台装置组装结构示意图

清洁；通过结构预埋方法，在展台稳定基础上最大程度保证展台底部净空。

2.2.4 幕墙工程工业化建造技术

2.2.4.1 幕墙工业化核心技术演变

从相对早期适应了人们追求无框、有框等外立面审美需求的基本幕墙系统（图2-85、图2-86），到之后满足了兼容装配、节能设计需求的干挂装配幕墙系统，再到展现表皮简洁大气的点式玻璃幕墙系统，再到提供节能、舒适和多样性演绎的双层幕墙系统，再

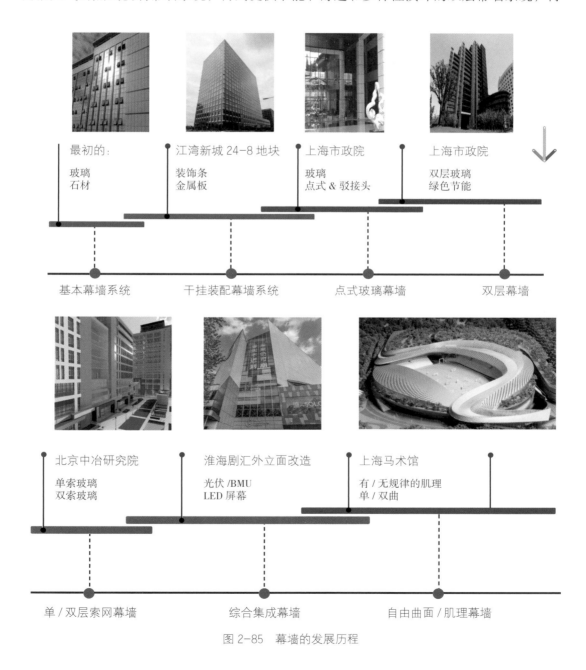

图 2-85　幕墙的发展历程

到带来柔性简洁、视觉通透美学体验的单 / 双层索网幕墙系统，再到 LED 显示屏、光伏板与幕墙深度一体化的集成幕墙系统，直至满足个性化体验和韵律之美的自由曲面 / 肌理幕墙系统（图 2-87）。

| 玻璃幕墙铝板幕墙 | 金属幕墙玻璃幕墙等 | 单元式玻璃幕墙铝板幕墙石材幕墙等 | 框架式玻璃幕墙石材幕墙金属屋面系统等 | 石材幕墙干挂瓦楞铝板、门窗等 |

图 2-86 传统幕墙

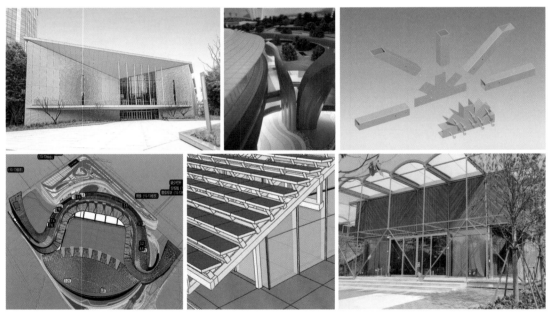

UHPC 板幕墙   70 装饰格构系统
超规格大板块 GRC 幕墙系统   屋面垂直绿化系统
大体量双曲面蜂窝铝板系统   单层 ETF 伞状膜结构屋面
单元木纹板系统

图 2-87 新型幕墙

2.2.4.2 异形幕墙龙骨数字化定位方法

（1）概述：传统施工放样步骤为：设置场区控制网—设置施工控制网—根据施工控制网测设建筑物主轴线—根据主轴线进行安装构件的细部放样（图 2-88）。对于如体育

馆等大型建筑物、轴线数量较多，轴线测设工作量大。其次，由于建筑外形及现场施工条件、难具备测量标记每条主轴线的可能。且传统在地面弹线方式，随着时间推移容易模糊不清或被装饰覆盖，后期专业单位进场常需重新放样，造成重复劳动、利用率低。为解决传统放样方式对于大型建筑物的局限性，研发了一种适用于大型、复杂造型建筑物构件数字化定位方法（图 2-89）。

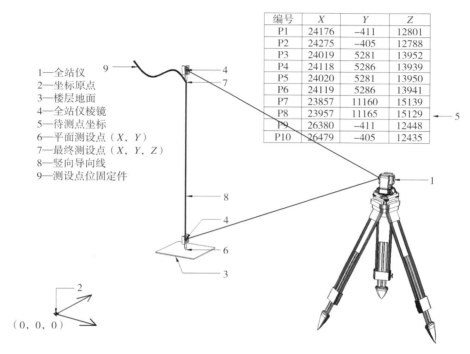

编号	X	Y	Z
P1	24176	−411	12801
P2	24275	−405	12788
P3	24019	5281	13952
P4	24118	5286	13939
P5	24020	5281	13950
P6	24119	5286	13941
P7	23857	11160	15139
P8	23957	11165	15129
P9	26380	−411	12448
P10	26479	−405	12435

1—全站仪
2—坐标原点
3—楼层地面
4—全站仪棱镜
5—待测点坐标
6—平面测设点（X，Y）
7—最终测设点（X，Y，Z）
8—竖向导向线
9—测设点位固定件

（0，0，0）

图 2-88　放样流程示意图

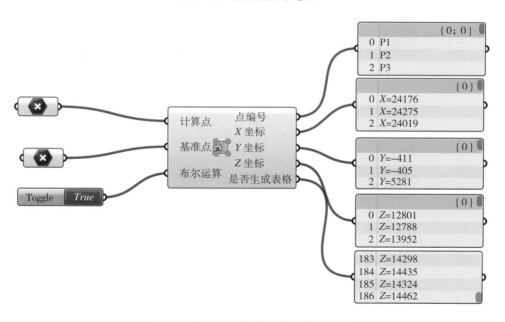

图 2-89　自定义获得坐标可视化程序

（2）技术特点：建筑幕墙施工领域，针对现有的放样方法难以满足异形幕墙龙骨空间定位的要求，故采取基于坐标定位异形龙骨的方法。

数字坐标表达异形幕墙龙骨的安装更便捷，通过此方法相对设计人员，就不需要再去做各种各样的剖面图形。对于现场安装人员而言，此方法也不需要具备专业识图能力，只需要会用逆向打点，拉线。将龙骨按编号靠线固定，操作便捷。对于现场管理人员而言，也极大地简化了现场管理内容。异形幕墙龙骨数字化定位方式，使复杂建筑构件的安装更为精确。同时BIM数字化的应用，使得整个安装过程更为灵活、高效（图2-90）。

（a）成都机场天府之眼龙骨BIM模型图

（b）成都机场天府之眼外饰实景图

（c）成都机场天府之眼内饰实景图

图2-90 成都机场天府之眼运用案例

2.2.4.3 异形幕墙结构数字化建造与安装方法

（1）概述：国内外幕墙项目设计应用随着经济发展水平的提高、设计方法和设计理念的革新以及施工技术的进步，建筑幕墙从单一化、规整化向多元化、复杂化发展。建筑师们为追求独特的建筑效果，不再满足于规整、中庸的设计，而是凭借天马行空的想象，在实现其使用功能的前提下，张扬每栋建筑物的个性。建筑的复杂造型，往往靠幕墙外饰面来实现，主体结构只承担结构支撑作用，因此复杂造型主体结构与幕墙距离不一定等距离。其次，主体结构生产安装也存在一定的误差，因此后续面板幕墙施工如无有效吸收主体结构距离误差设计，难保证建筑整体效果。同时复杂幕墙的构件组成跟传统规整幕墙相比，规整幕墙某一种龙骨在不同部位的外形尺寸可能都相同，数据清晰。复杂幕墙龙骨尺寸数据往往都不相等，但这一连串复杂数据里又存在一定的规律，如何利用规律优化安装值得思考。本方法通过分析幕墙与主体结构的连接方式、幕墙结构间的连接方式、幕墙结构安装定位等，实现幕墙结构建造与安装的合理、精确。

（2）技术特点：①异形幕墙与结构连接的可调节装置。对于幕墙铝合金龙骨直接与主体结构相连、复杂主体钢结构与幕墙面层距离高低不齐、主体结构安装偏差较大不满足幕墙安装、复杂幕墙多条龙骨交汇于一点，主体结构焊接面不满足要求等情况，发明一种调节装置（图2-91）。

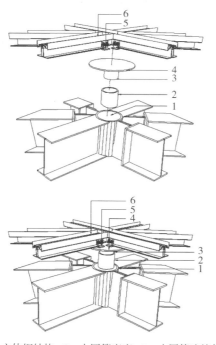

（b）完成图

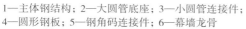

1—主体钢结构；2—大圆管底座；3—小圆管连接件；
4—圆形钢板；5—钢角码连接件；6—幕墙龙骨

（a）可调节装置示意图

图2-91　可调节装置

② 新型幕墙龙骨连接方式。一种多龙骨交汇于一点的龙骨拼角方式：采用专利技术直切、单切及双切的组合方式进行拼角。将原本全部是双切进行优化，简化了龙骨生产，节约加工成本，提高加工效率（图 2-92）。

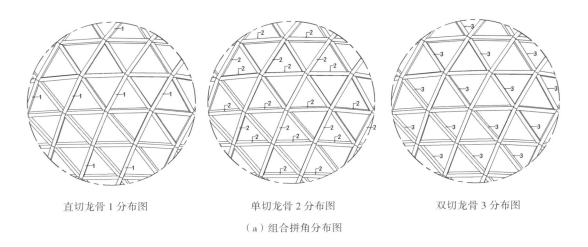

直切龙骨 1 分布图　　　　单切龙骨 2 分布图　　　　双切龙骨 3 分布图

（a）组合拼角分布图

（b）完成效果图

图 2-92　新型幕墙龙骨连接

③ 幕墙龙骨数字化切角安装方法。相较于传统整体模型切角工作步骤多、工作量大、放平后无法直观判断与实际安装方向是否匹配的问题，采取基于 BIM 快速实现幕墙切角龙骨模型绘制及切角数据提取方法。引用标准化、模块化的方式，以自定义程序创建融合了多种切角可能的标准化模板，同时在模板上醒目标注加工信息。通过模块上几个关键父级的拾取变更，驱动子级模型及加工数据的变更，从而快速得到龙骨模型及数据，将模型完成后的加工数据自动生成数据表格（图 2-93）。

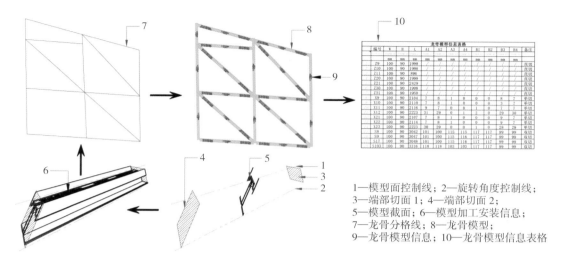

1—模型面控制线；2—旋转角度控制线；
3—端部切面 1；4—端部切面 2；
5—模型截面；6—模型加工安装信息；
7—龙骨分格线；8—龙骨模型；
9—龙骨模型信息；10—龙骨模型信息表格

图 2-93　流程节点图

　　通过分析多种幕墙结构间的安装方式，设计不同的连接件、龙骨拼接方式及数字化设计安装流程，保障幕墙结构安装准确性、可靠性，优化加工、安装方式，提高效率（图 2-94、图 2-95）。

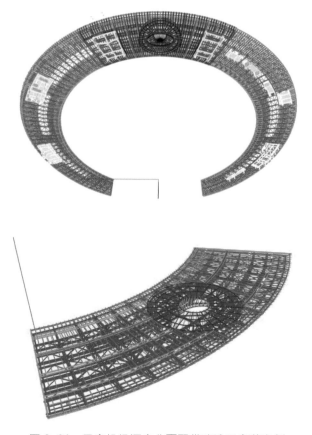

图 2-94　天府机场酒店曲面飘带建造及安装案例

图 2-95 香港海洋公园水世界采光顶建造及安装案例

2.2.4.4 复杂异形幕墙结构装饰面数字化生产、加工方法

（1）概述：背景技术随着经济发展水平的提高、设计方法和设计理念的革新以及施工技术的进步，幕墙结构逐步从单一化、规整化向多元化、复杂化发展，因此，幕墙结构的装饰面板也具有由规整形状向不规则形状发展的趋势，幕墙结构的不规则形状装饰面板的现有加工方法的弊端诸多；如：不同位置、不同扣缝值的面板下单时，易出现扣缝值计算错误；面板尺寸数据给予加工部门转换图形套材加工流程中数据多方传递丢失、

出错问题；不同形状面板裁切时，板材损耗率问题。故针对上述多方面问题发明一种复杂异形幕墙结构装饰面板的数字化生产、加工方法，降低了异形幕墙结构装饰面板的加工及安装难度，并减少了板材的加工损耗（图2-96）。

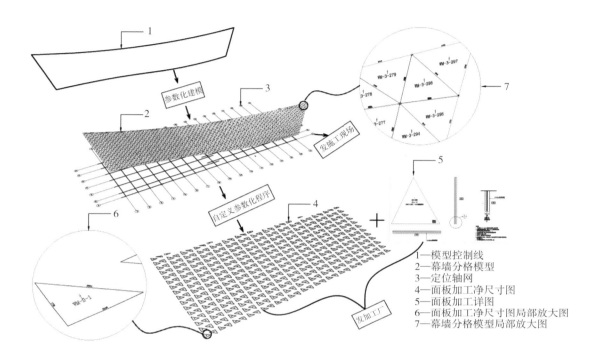

1—模型控制线
2—幕墙分格模型
3—定位轴网
4—面板加工净尺寸图
5—面板加工详图
6—面板加工净尺寸图局部放大图
7—幕墙分格模型局部放大图

图2-96　流程示意图

（2）技术特点：该方法利用BIM技术贯穿整个面板加工、生产流程。通过BIM参数化自定义扣缝程序，参数调节面板扣缝数值；通过BIM自定义程序将空间上的净尺寸加工模型，分别进行面板编号、面板加工边长标注及标记现场安装方向进行摊平，再将摊平的平面图下发电子版1∶1尺寸图，生产部门可以通过电子版直接进行数控加工；最后将完成后的幕墙分格模型添加定位轴网，发施工现场。检核面板到货后尺寸偏差和确定面板安装位置及方向（图2-97、图2-98）。

BIM参数化建模使得装饰面板扣缝效率提高，同时可以实时通过三维模型直观、方便地检查、校核扣缝模型，保证扣缝准确率。其次利用自定义程序输出电子版1∶1尺寸图结合标准加工图的方式，准确表达加工单的加工信息，简化数据传输，有效避免数据多方传递丢失等情况。通过数字化方式打通复杂异形幕墙结构装饰面BIM模型与生产、加工壁垒。形成复杂异形幕墙结构装饰面批量可循环复制的生产、加工方法。

图 2-97　南通植物园玻璃装饰面数字化生产、加工案例

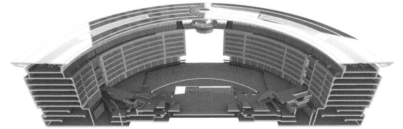

图 2-98　成都机场酒店蜂窝铝板装饰面数字化生产、加工案例

2.2.4.5　UHPC 幕墙施工技术

（1）概述：近年来，UHPC 材料越来越多地在建筑装饰装修工程上使用。UHPC 板作为一种超高性能混凝土板，它特有的高强度，高致密性，高耐久性，是其他水泥基材料不能比拟。特别是现在金属材料资源受限、生态环境窘迫，绿色环保建材要应时而上的新时期，整个建筑工程行业寻求材料工艺变革的时间点。因此深入研究 UHPC 板材料特性，围绕 UHPC 材料开发集成外装饰幕墙系统，研发了一套超大规格 UHPC 幕墙工程设计与施工创新运用技术（图 2-99）。

（2）技术特点：针对新型材料 UHPC 超高性能混凝土板在上音歌剧院幕墙工程中应用，通过建立简化力学模型，进行贴合实际结构计算，设计了一种创新有效、挂接方便、调节方便的一种三维可调挂接方法，弥补了国家在对新型材料 UHPC 挂接方法的缺失。自制人字移动架和钢筋笼，专门用于大板块 UHPC 板的运输和安装，利用汽车吊进行 UHPC 板块的安装，解决场地狭小、工期紧的施工难题，方便实现材料的垂直和水平运输且可根据实际安装位置进行拆卸和移动，实现了吊装工具的重复利用。

引入特殊设计的铝方块，保证 UHPC 板的挂接件在处于可视的情况下做到不外漏，引入特殊设计的挂接方式，实现安装方便，安装效果统一规整，排列组合多样式的特点，提供本发明在实际工程中的应用，并通过各项试验，通过在玻璃幕墙外装镂空 UHPC 板，减少热传递，减少光污染，达到城市建筑外墙装饰与环保与节能的多方面要求，符合国家绿色建筑的理念。

图 2-99　超大镂空 UHPC 板块项目应用——上音歌剧院

2.2.4.6 单元式陶砖幕墙整体干挂施工技术

（1）概述：为了紧跟国家建筑方面节能、高效、绿色标准的要求，各种单元板块式幕墙相继出现。陶砖以天然的陶土为原料，具有独特的视觉装饰效果，其导热系数低、耐腐蚀、抗冲刷，是幕墙材料一个较好的选择。现有的陶砖幕墙的施工顺序是先在建筑物的墙体外侧焊接好钢架再逐层垒砌陶砖，施工现场占用场地较大且施工速度较慢，陶砖幕墙的垂直度及水平度不易控制，总体施工质量较差。为了解决这些问题，研发了一套单元式陶砖幕墙整体干挂施工技术（图 2-100）。

（2）技术特点：发明了一种可调式陶砖干挂装置，包括哈芬槽预埋件、钢支座及预制单元墙体，采用钢托架下部底板贯穿设有与 C 型槽垂直的长形腰孔进行连接，能够实现对预制单元墙体位置的三维调节，安装精度能够达到毫米级，保证了陶砖幕墙的施工质量。

采用此整体单元式陶砖系统，不仅与主体结构连接可靠，还能实现快速挂装，安全质量容易控制，现场动火作业少，现场施工简单、快捷，降低施工成本，无砂浆连接，不会产生陶砖泛碱情况，减少污染。

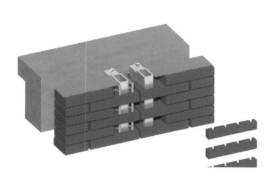

（a）单元式陶砖幕墙安装模拟　　　　　（b）不同造型的单元式陶砖幕墙安装模拟

（c）陶砖整体预制项目应用

图 2-100　单元式陶砖幕墙整体干挂施工技术

2.2.4.7　模块化单元窗安装方法

（1）概述：在工程施工过程中，工期越来越紧，多个工种同时开工简直就司空见惯。其中影响工程工期的关键里程碑节点就是外墙断水的时间，即单元窗的安装，也就是外墙封闭之后外面的雨水不会进到室内，室内的精装修工序就可以开工。而且现有的单元窗的安装方式存在效率低下的问题。因此研发了一种室内外均安装的模块化单元窗，以及安装方案。

（2）技术特点：开发了一套模块化单元窗系统，创新地设计了坐式连接方式，采用移动机器人，通过吸盘框架对整体单元窗进行安装，并通过对室内结构进行分析，解决在室内安装遇到结构柱，如何设计避障等问题。

机器人在室内安装完全不受天气影响，可以有效地缩短工期；机器人在室内安装不存在天黑了就停止施工的情况；机器人安装控制精度容易控制，比人工的安装精度高，更易满足设计要求（图 2-101）。

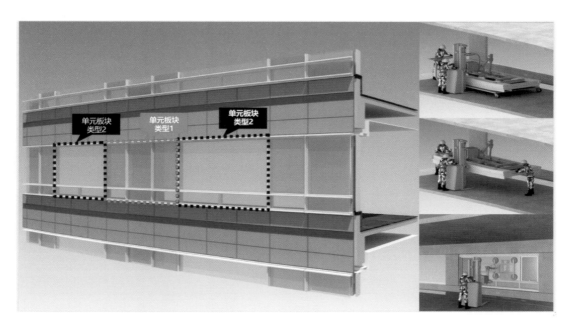

图 2-101　单元式幕墙机器人安装模拟

2.2.4.8　基于高原地区建筑的幕墙建造关键技术

（1）概述：我国经济发展正处在发展方式的转变过程中，正在构建国内国际双循环相互促进的新发展格局。激活国内大市场，加大国内基础设施投资，尤其是对欠发达地区——大西北的投资，是构造国内循环的基础工作。对将来在高原地区做外装饰施工，要进行技术研发和技术准备工作。高原地区与东部平原地区在气候等诸多方面有明显的差异。如：大气压力较平原地区小；少雨且气候干燥；太阳辐射强烈且辐射差额小；温度日差较显著，年变化小；零度线以下天气所占天数较多；含氧量较平原地区少；风力大，多大风、雷暴和冰雹等天气；以上差异对外幕墙装饰有显著的影响。因此基于西宁市民中心项目，总结研究了基于高原地区建筑的幕墙建造关键技术（图 2-102）。

（2）技术特点：设计了开启窗外框的模具，解决了开启窗即使在内倾关闭的状态下，依然可以使雨水自然流出到外面，不会出现积水或漏水到室内情况发生。从而使内倾玻璃幕墙开窗成为可能；通过在玻璃横向边缘打孔，当气压基本平衡后立即用硅胶密封胶重新密封，解决高原玻璃哈哈镜的问题。

图 2-102 应用案例

2.2.4.9 幕墙工业化创新设计技术

（1）概述：近年来，上海市建筑装饰工程集团有限公司完成的项目例如上音歌剧院、南岛会议中心、成都天府机场、南京园博园、深圳中山大学、上海马术馆等项目种出现了较多的新材料新工艺的应用，例如：风铃幕墙、膜结构幕墙、UHPC 幕墙等，下面我们就以南京园博园、深圳中山大学、上海马术馆，这三个项目中遇到 4 个设计和施工的问题来展开（图 2-103、图 2-104）。

上音歌剧院	南岛会议中心	成都天府机场	南京园博园	深圳中山大学	上海马术馆
玻璃幕墙系统 UHPC 幕墙系统 GRC 幕墙系统 张拉铝板系统	玻璃幕墙系统 屋面铝板系统 立面装饰柱仿木 纹铝板造型系统	半单元式玻璃 窗系统开放式 石材幕墙系统 玻璃幕墙系统 蜂窝铝板幕墙 系统	玻璃幕墙系统 屋面垂直绿化 系统 风铃幕墙系统 单层 ETF 膜结 构系统 三角形不锈钢 颤动板系统	红色陶砖系统 石材幕墙系统 铝格栅系统 铝板幕墙系统	玻璃幕墙系统 双曲面直立锁 ＆蜂窝铝板双 层屋面系统 大板块 GRC 幕 墙系统 UHPC 系统

图 2-103　创新技术应用案例

上音歌剧院——UHPC 幕墙系统

南岛会议中心——屋面铝板系统、玻璃幕墙系统

成都天府机场——半单元式玻璃幕墙系统、开放
式石材系统

成都天府机场——天府之眼

图 2-104　应用案例成果实景图

（2）技术特点：三角形不锈钢颤动板系统。南京园博园工程幕墙项目地处江苏省南京市，包含了玻璃幕墙系统、采光顶天窗系统、屋面垂直绿化系统、单层 ETF 膜结构系统、三角形不锈钢颤动板系统等（图 2-105）。

工程名称：南京园博园工程项目

建设地点：江苏省南京市

幕墙形式：玻璃幕墙系统、采光顶天窗系统、屋面垂直绿化系统、单层 ETF 膜结构系统、三角形不锈钢颤动板系统等。

其中三角形不锈钢颤动板幕墙面积：约 5 000m²。

图 2-105　南京园博园鸟瞰图

三角形不锈钢颤动板面板类型分为镜面波纹（实体）不锈钢板和镂空不锈钢板，厚度都是 2mm，要实现建筑师要求的视觉效果面临两个问题，第一如何保证大规格金属板块的平整度，第二板块如何在组合荷载的作用下达到无规则方向颤动的效果。上述两点是本系统的重点和难点（图 2-106）。

镜面波纹不锈钢板

镂空不锈钢板

三角形不锈钢颤动板实现难点

大规格板块保障平整度

无规则方向颤动

图 2-106　项目重点和难点分析

在保障平整度方便，措施1：在建立了BIM模型后，将造型板块划分为4种标准分隔，其中最大分隔为8m×6m×6m。之后在取得建筑师认可之后将超规格板块分段优化为三个小三角形板块，即使这样也基本达到4m×4m×8m左右的分隔尺寸，在经过结构建模计算后，采取了背负钢架的形式。满足这些大规格三角板强度和扰度要求，从而整体上保障了整个面板的平整度（图2-107）。

保障平整度——分格优化：

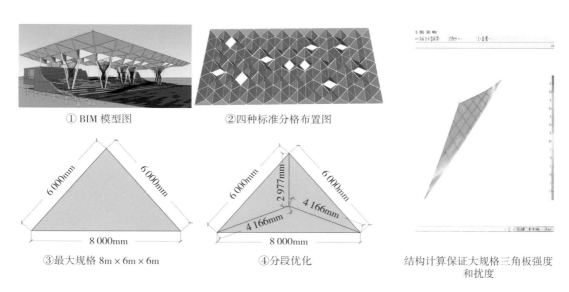

① BIM 模型图　　　　　　②四种标准分格布置图

③最大规格 8m×6m×6m　　　④分段优化　　　结构计算保证大规格三角板强度和扰度

图 2-107　分格优化流程图

措施2：原先考虑的不锈钢板面和龙骨连接的方式是焊接或者是植钉的方式，但是这样的话就会因受力集中导致不锈钢金属板面变形，最终我们采用的是少量螺栓和结构胶的方式将不锈钢金属板和龙骨相连接，在满足其连接强度同时保证了大面板的平整度（图2-108）。

保障平整度——栓接 / 粘接减少大板块变形：

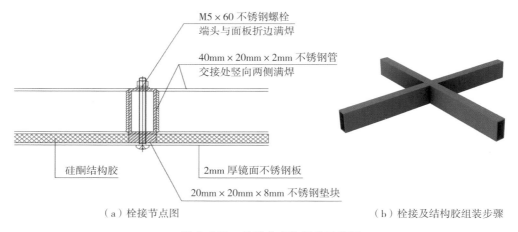

（a）栓接节点图　　　　　　（b）栓接及结构胶组装步骤

图 2-108　栓接节点和组装示意图

措施 3：为保证实现所有不锈钢板块的无规则方向的颤动，我们设计了通过高低阻尼弹簧和不锈钢螺栓来保证安装的安全性的同时实现不锈钢板块的无规则方向的颤动。其中高阻尼弹簧应其受到额外重力方向的作用需设置在金属板连接件的下方，低阻尼弹簧设置在金属板连接件的上方在不锈钢板发生颤动时给其回弹力和约束力（图 2-109）。

无规则方向颤动：

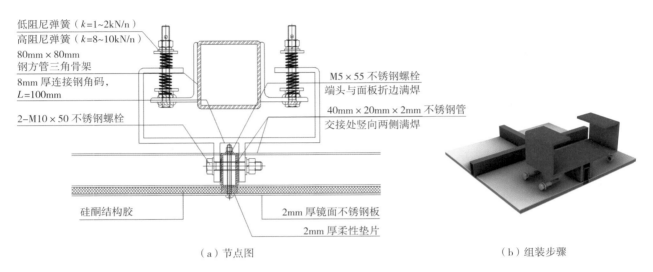

（a）节点图 　　　　　　　　　　　　　（b）组装步骤

图 2-109　通过高低阻尼弹簧和不锈钢螺栓将不锈钢金属板和连接件相连

现场完成后的视觉冲击感比较强烈（图 2-110）。

图 2-110　现场完成照片

红色陶砖系统

工程名称：深圳中山大学工程项目

建设地点：深圳市光明新区

幕墙形式：红色陶砖幕墙系统、铝合金门窗系统、玻璃幕墙系、石材幕墙系统、铝板幕墙系统、铝格栅系统、铝合金百叶幕墙系统、铝板幕墙系统等。

其中红色陶砖幕墙面积：约6.5万 m²。

图 2-111　深圳中山大学效果图

深圳中山大学红色陶砖系统分为大面陶砖系统和镂空陶砖系统，建筑师对于大面陶砖系统的要求是，仿造传统砖砌建筑的方式来实现（图 2-111、图 2-112），为解决以上受力和悬挑较远的问题，先是在上下结构空腔内设置悬挑钢架，将整体钢架布置固定在主体结构上，在主体结构悬挑板部位增设不锈钢折弯件（通长布置），从而开始现场的砌筑过程。在过程中需保证小于等于 500mm 的距离增设 4mm 厚的不锈钢拉接件，保证每一层陶砖的稳定性。

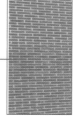

大面陶砖系统

镂空陶砖系统

图 2-112　深圳中山大学红色陶土砖幕墙系统

为解决以上整体强度较低和现场工期较为紧张的问题，选用小单元钢管穿插固定陶砖，首先设置悬挑钢架然后整体钢架布置之后底部托板设置最后两个板块现场安装的中间拉结。工厂预先组装好每个单元板块，运至现场安装，解决了现场工期较为紧张的问题（图2-113）。

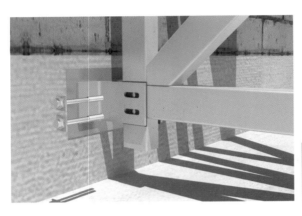

①设置悬挑钢架　　②整体钢架布置

③底部托板　　④中间拉结

（a）整体安装工艺模拟

①设置悬挑钢架　　②整体钢架布置

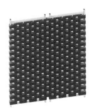

③底部托板　　④中间拉结

（b）镂空陶砖安装工艺模拟

图2-113　安装工艺模拟

用 ANSYS 整板块建模计算龙骨和陶板，彻底解决了强度问题（图 2-114）。

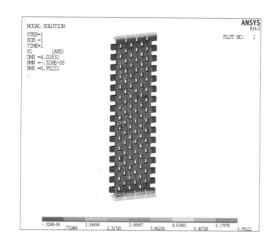

（a）镂空面板计算

（b）现场安装图

图 2-114　应用 ANSYS 软件现场安装

　　在大面陶砖安装设计的时候，给甲方提供了其余幕墙干挂体系安装方式，但是由于多方便原因，甲方和建筑师还是选择了图 2-115 所示的现场砌筑方案。

大面实体陶砖单元拼装安装模拟

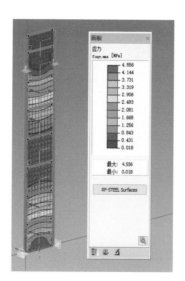

整体面板计算

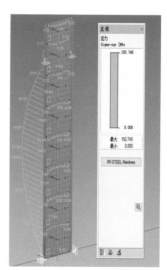

整体龙骨计算

图 2-115　其余幕墙干挂体系安装方式

超规格大板块 GRC 幕墙系统

工程名称：上海马术中心项目
建设地点：上海市浦东新区
幕墙形式：外悬挑吊顶格栅幕墙系统、超规格大板块 GRC 幕墙系统、大跨度双曲面金属屋面系统、双曲面直立锁 & 蜂窝铝板双层屋面系统、曲面玻璃幕墙等。
其中超规格大板块 GRC 幕墙面积：约 1.5 万 m^2。
双曲面直立锁 & 蜂窝铝板双层屋面面积：约 2.1 万 m^2。

图 2-116 上海马术中心项目效果图

上海马术中心 GRC 幕墙板块局部尺寸为 3m×6m，面积大、单块重量达 1.5t。施工场地和安装又狭小。安装难度高（图 2-116、图 2-117）。GRC 板块与多种幕墙系统交接处理，也是本工程重、难点施工内容。

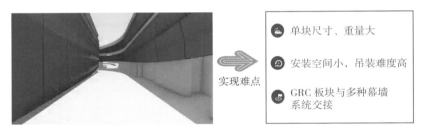

图 2-117 项目重点、难点分析

在主体结构为墙体填充墙，或者与玻璃幕墙交接位置，GRC 连接件不满足与主体结构直接固定的情况下，安装幕墙龙骨层，在龙骨上安装 GRC 连接件，依次安装 GRC 板块，GRC 板块采用挂钩连接，调节安装精度高（图 2-118）。

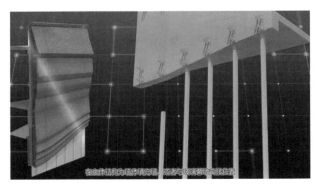

图 2-118 超规格大板块 CRC 幕墙安装模拟

双曲面直立锁＆蜂窝铝板双层屋面系统：

项目整个金属直立锁屋面存在渐变曲面，曲面曲率变化大，看台屋面板最长长度为45m，其中如何保障施工时长度方向没有接缝，同时包含对众多天沟、水箱、检修洞口的安装，防水要求高，施工难度大（图2-119）。

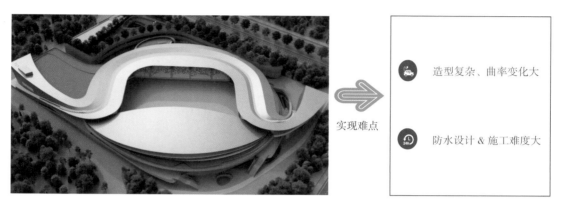

图2-119　项目重、难点分析

项目整个屋面为渐变曲面，曲率变化大，对金属屋面系统进行专项设计，保证屋面设计的曲面适应能力。看台屋面最大长度约45m，为提高屋面防水性能，设计屋面板在长度方向不留接缝，减少漏水隐患（图2-120）。

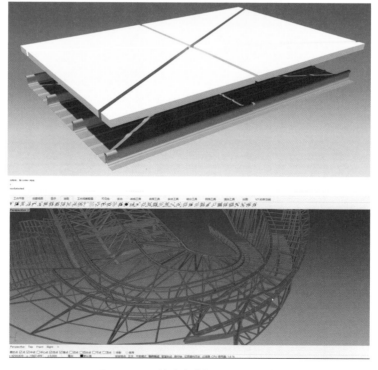

图2-120　蜂窝铝板双层屋面构造

其他幕墙系统：

新型材料 UHPC 超高性能混凝土板作为幕墙面板材料在上音歌剧院幕墙项目中首次应用——声入歌剧院，聆听古典主义与现代幕墙的冰火之歌，作为幕墙人的我们需要将新材料、新工艺和幕墙相融合，充分展示建筑之美（图 2-121）。

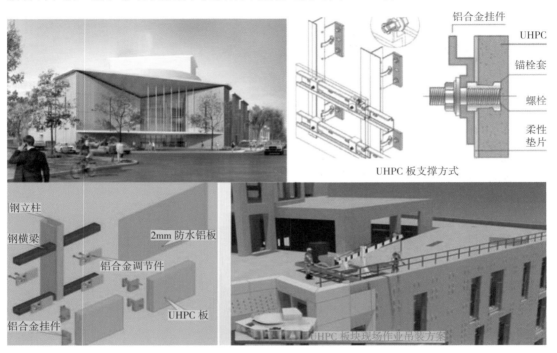

图 2-121 UHPC 幕墙系统

对既有建筑高层幕墙的现场检测及结果分析，研究各类幕墙体系，随着服役年限增加所带来的多种安全隐患，通过建立幕墙安全维护机制，研究既有幕墙安全维护及加固技术，解决由建筑幕墙使用带来的严峻城市公共安全问题（图 2-122、图 2-123）。

图 2-122 既有幕墙安全、维护及加固技术

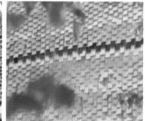

陶砖幕墙　　　　　　　　　　　　　　自然风动幕墙、机电动力幕墙

绿植幕墙　　　　　　　　　　　钢落墙系统、单元窗系统定制

单元式幕墙系统　　　　　　　绿色双层幕墙　　　　　　单元板块组装吊装

图 2-123　各类新型幕墙系统

2.3　模块空间工业化建造技术

传统建筑装饰建造普遍存在低装配、低预制、高排放、数字化技术应用率较低的问题。模块空间工业化建造通过绿色设计技术和数字施工技术手段，形成基于智能化精准安装、可逆式拆装复建循环利用的高性能模块，实现模块空间数字装配、精益建造、可逆式拆装利用，降低模块建筑碳排放强度和平均设计能耗水平，降低应用工程建筑设计和施工时间 60% 以上，推动模块化建造向数字化、绿色化、工业化、智能化、低碳化建造转型。

2.3.1　基于轻量化可重构的模块空间绿色数字设计技术

2.3.1.1　适用于模块空间结构体系的可重构设计技术

针对现有建筑结构体系与模块化建筑结构体系不匹配、结构形式不可重构、模块化程度低的问题，进行了与模块空间使用场景相匹配的结构体系设计的调研，研发形成了高性能幕墙联合钢结构叠加室内模块化饰面的一体化设计技术、结构饰面一体化设计技术和箱式建筑集成模块设计技术。

2.3.1.2　适用于模块空间预制构件的绿色低碳设计技术

通过预制构件构造优化、高性能轻量化新型材料集成应用，使预制构件产品具备质量轻、施工快速、无现浇作业、低成本等优点，研发预制构件轻量化设计技术，解决现有预制构件产品由于自身重量问题而引发的不便于生产、运输、安装的系列问题，有效降低居住和公共建筑碳排放强度。通过单元模块的集成化设计提升预制构件集成度，研发单元模块装配率优化设计技术，规避散状零星构件的使用；通过规范单元模块的接口，实现单元模块接口的标准化与通用化，大幅提升单元模块的装配率。通过调研分析不同建材的技术性能，基于模块化建筑不同部件材料性能需求，对兼具可循环利用、低碳、保温、耐火等性能的材料进行减碳优选与分析，充分利用可再生资源，降低建筑平均设计能耗水平，实现模块化单元的低碳建造。

2.3.1.3　适用于模块空间智能建造的数字辅助设计技术

针对复杂模块空间设计界面复杂，异构设计软件间数据表达方式及接口各不相同而导致协同工作效率低的问题进行基于 IFC 数据标准的多维度协同数字化设计技术研究。针对异构数据模型在进行协同设计时存在数据量大、结构复杂、冗余度高，难以满足辅助设计过程中操作平滑性和流畅性的需求，进行了基于轻量级图形处理引擎的交互式可视化技术研究，通过模型轻量化实时渲染，实现模块空间数字化设计的可视化交互。

2.3.2　基于装配化可逆式的模块空间绿色数字施工成套技术

2.3.2.1　基于工业化柔性框架的移动工厂智能加工技术

国内建筑构件的工厂生产过程中根据项目情况进行下单统计，同时，绝大多数建筑项目存在严重的非标及定制化，大大限制了构件生产进度和产能。流水线生产方式适合于标准化程度较高的预制构件，固定流水节拍的控制，实现预制构件的工厂化流水生产，但对于建筑装饰行业，考虑到各环节虽然有对应的半自动化设备 / 数控车铣床进行加工，但整体工艺环节无法采用全自动化生产工艺。目前建筑行业的工人主要为传统机加工工

人，与流水线设备电脑操作和流水线生产的产业工人能力要求尚有一定的差距。

移动工厂的工艺流程及构型设计研究可解决这些问题，对应包括铝型材，玻璃，角铁等多种建筑材料的减材加工，研发软件集成对不同材料的加工参数并形成特定工艺包。研发对单个材料的特定加工工具头，形成柔性减材加工中心。结合可便携式运输的物理构型设计，可以实现快速流转于多个建筑项目及工厂，降低工厂设备和人工长期投入成本，实现加工能力的快速复现及柔性化生产。

2.3.2.2 基于智能机器人的工地端生产大数据协同技术

基于机器数据的采集、学习与进化，采集胶囊工厂所需的加工信息，得到决策矩阵生产网络中的最优解，建立具有自主学习和优化能力的智能建造云平台，实现端到端的设计生产协同，同时兼容多种工业机器人、数控机床、末端执行器以及移动机器人；开展智能机器人移动式工地端构件生产系统研究，联通 BIM 模型和生产端的数据传输，自动布料，一键生成加工指令，使位于移动式工厂内的机器人满足施工现场材料加工需求，减少材料损耗。结合 BIM 技术，标注因运输损坏、现场尺寸不对等因素导致的物料取法，并且通过调动工厂端的下料数据，一键实现胶囊工厂的补料生产工作，实现生产大数据的串联（图 2-124）。

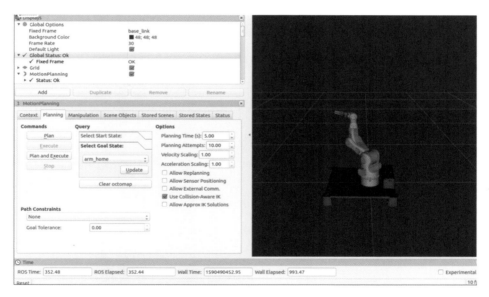

图 2-124　基于智能机器人的移动式工地端生产大数据协同技术

2.3.2.3 模块化空间数值仿真技术

基于精英策略的遗传算法求解优化问题，实现了模块化建筑基本单元最优装配顺序的求解。基于 ML-Agent 深度学习的吊装过程仿真技术研究，基于 Unity 游戏引擎开发施工场景下塔吊的虚拟原型，以用于塔吊施工的动态模拟，通过参数化表征起重设备的施工行为形成一个精确真实的建筑施工场景，可视化形成施工方案。基于参数化建模的模块化建筑施工场布优化技术研究，通过参数化建模方法构建模块化建筑施工场地布置模型，并在此基础上提出了模块化建筑施工场地布置的优化方法（图2-125）。

图2-125 基于Unity平台的施工场景数值仿真技术

2.3.2.4 模块化空间工业化与智能化精准安装技术

以三维扫描为核心，配套手持扫描仪作为辅助，研发基于智能放样的空间精准定位技术完善建筑空间整体的数字化模型。针对超大板块半自动辅助安装机器人、重型材料辅助提升安装机械手臂等智能机械装备装饰应用，研发基于智能机械装备的精准就位技术，提高工人安装复杂饰面时的效率，提升模块安装的精度，有效保障施工质量。基于增强现实，研发模块饰面智能自动复核技术，实现空间模块从部品部件、单元模块到产品饰面的自动误差复核与纠偏（图2-126）。

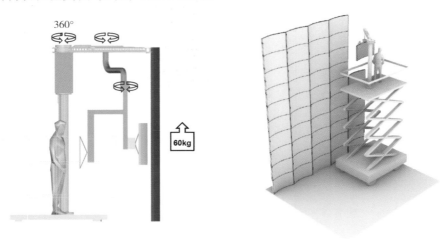

图2-126 重型材料辅助提升安装装置

2.3.2.5 基于绿色可持续的可逆式拆装复建循环利用技术

基于BIM模型，研发基于无源射频识别的可追溯式拆装技术，实现构配件拆除全过程的信息动态感知；基于多源异构数据融合，研发可视化数字仓储管理技术，形成可逆式模块空间虚拟数字仓库；利用三维扫描及实测实量数据，结合BIM模型对比实体偏差，提升建筑卸解复建过程中预制构件的循环利用率，实现实施方案的最优化。

2.3.3 模块空间异地虚拟建造项目应用

（1）概述：伴随旅游业的纵深发展，高端酒店开始建于沙漠地区（图2-127），以满足人们对于沙漠奇特景观的探索需要。沙漠地区具有温差大、冬寒长、风大沙多的环境气候特点，同时伴有人口稀少（缺少属地化劳动力）、年可作业周期短、周边配套产业链/供应链缺乏等特征。因此沙漠地区用房尤其是对于使用功能以及美学存在一定要求高度的建筑或者各类附属设施的建造，存在"异地建造"及"模块化"两个双重需求。针对沙漠地区的特点，通过优选各类可适应沙漠地区特殊气候条件的新型材料以应对沙漠地区温差大、风大沙多的特殊要求；通过在产业链配套完备的地区采用建筑部品模块化集成的外加工方式，最大程度减少沙漠地区当地作业时的劳动力投入；通过对构造节点、工艺工序的研究，实现建筑部品的可循环使用；最后通过工程应用示范，形成该特殊工程的经验总结，作为今后同类工程实施的参考。

（2）技术特点：模块化房屋外装饰体系通过三个方案进行剖析，以解决异地建造及模块化两个需求。金属板+内层金属板防水层，这样的构造在沙漠环境下会增大噪音，

图2-127 沙漠钻石酒店C区外景

穿孔板＋空腔＋水泥纤维板的整个构造，由于实体板的厚度有限，整体的内部吸音效果会欠佳，从声学角度来说，UHPC 方案降噪构造为 UHPC65mm 厚度实体板＋空腔＋吸音棉＋保温棉＋内饰面，是有效的降噪声学构造。同时在维护方面，UHPC 材料本身的耐久性能，可大大降低后期维护成本。由于沙漠的特殊气候，昼夜温差大，幕墙表皮会产生冷凝水，风沙很容易沾粘在幕墙表皮，长期作用下，一般的外表皮材料很难清理，UHPC 材料本身的致密性，脏污无法渗透到材料内部，表面的沾污可以通过高压水枪直接冲洗。

① UHPC 外幕墙设计（图 2-128）。UHPC 外幕墙预制构件，采用超大多边形构件预制成型，现场与主钢结构直接锚栓连接，无须背附钢架及二次龙骨，使板块分割最大化，减少接缝。整体室外 UHPC 外装饰板采用点线面结合的方式设计，面与面之间交线的阳角，通过定制的独特线性构件处理，在每一条线性结构交汇处均通过设置点构件来实现。

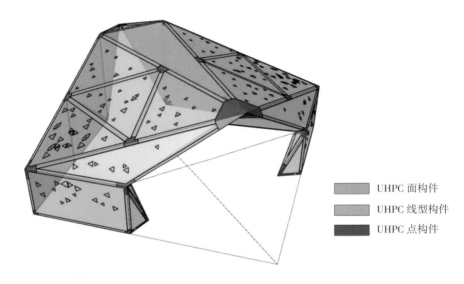

图 2-128　传统结构 +UHPC 体系外装饰面设计

② 钢结构装配式设计（图 2-129）。钢结构采用端部工厂预制多角度的连接件，如立柱上口、多处钢梁相交处。然后通过连接板螺栓现场安装。钢架立柱下口通过螺栓预埋。其装配式设计为后期异地构件运输及现场安装奠定基础，降低了工序复杂性，减少安装环节，节省了人力成本。

③ 节点设计（图 2-130）。UHPC 外幕墙接缝之间设置耐候胶，以形成第一层外幕墙防水，通过 20mm 钢板及钢挂件将面板及条形面板与主体钢梁连接，其连接方式可适配屋面板与屋面板不同夹角。保温防水采用一体式直立锁边屋面，其特征在于屋面无任何穿孔，整体结构性防水、排水功能；无须化学嵌缝胶、免除污染与老化问题等，三维弯弧特异造型轻而易举，拼装方便高效、安全，具有较好的经济效益和社会效益。

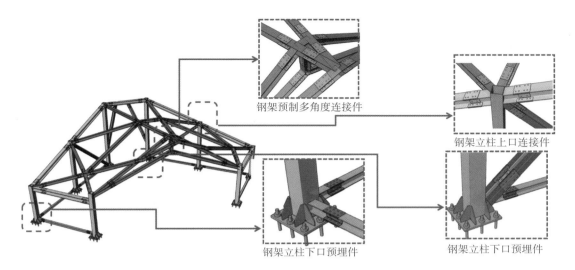

（a）钢结构装配式设计

（b）钢结构样板工厂预拼装

图 2-129　钢结构装配式

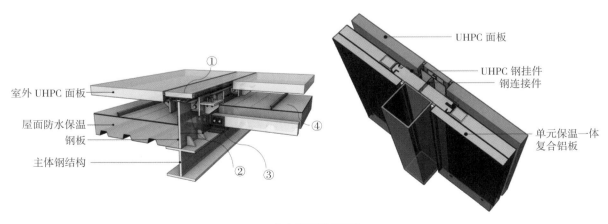

（a）屋面节点构造

（b）直立锁边屋面系统

图2-130　节点设计

2.4　工业化融合数字化建造技术

　　基于三维扫描、参数化设计、环境模拟、智能控制、虚拟现实、多轴雕刻、增强现实等数字化技术，对异形空间及复杂构件建造从测绘分析、到设计优化、施工模拟、精准定位、复原安装、质量复核等全过程工业化融合数字化建造技术进行了研究和应用。以数字化技术赋能工业建造，进一步推动建筑装饰数字化转型升级。

2.4.1　基于三维扫描的高大异形空间高精度测绘分析技术

　　（1）概述：随着越来越多自由曲面造型建筑的出现，因土建结构施工偏差过大而导致装饰及幕墙构件无法正常装配的情况也愈发多见部分构配件因设计尺寸与现场施工条件不匹配而不得不返厂重新加工，导致人力物力成本的增加以及工期的延误。线坠、钢卷尺、水准仪、经纬仪等传统施工测量工具设备已经无法满足此类项目主体结构尺寸复核工作的精度及效率要求。基于上述研发、优化了一种基于自适应三维激光扫描的高大异形空间高精度测绘分析技术（图2-131）。

　　（2）技术特点：随着光学、电子、计算机等科学技术的发展，三维扫描仪逐渐进入商业化应用范围，自由曲面和高大空间测量变得相对容易实现。相较传统测量方式，三维扫描仪更能胜任高大异形空间测量工作，测量数据更加精准、全面，无须借助其他大型辅助设施，如脚手架、爬梯等，从而实施安全系数也更高。应用地面/手持式三维激

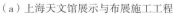

（a）上海天文馆展示与布展施工工程　　　　　（b）上海汇丰银行大楼中华厅修缮工程

图2-131　土建结构三维点云数据模型

光扫描设备，对高大异形空间既有主体结构进行非接触式自定位高速激光扫描，计算发射与接收射线时间差与发射角度来获取测量点的空间坐标，以阵列式点云形式获取复杂物体表面三维空间数据。结合自动化测量软件及三维扫描数据自动降噪软件，经过滤去噪、拼接、着色等后处理，实现复杂异形空间的高精度测绘、逆向建模、构件提取、数据留档等多方面应用，测量精度最高可达到 50m 内 1mm 误差。

针对高大异形空间的装饰或幕墙工程，在装饰构配件在下料生产之前，通过应用自适应三维激光扫描设备对现有土建主体结构进行高精度数字化测绘，获取主体结构的既有建造数据，将扫描后生成的三维点云模型与设计理论模型进行对比分析，根据实测数据对原设计图纸尺寸进行相应的偏差调整，使之满足现场结构的安装需求，避免在施工中出现装饰构配件与土建主体结构无法匹配的问题，根据调整优化后的图纸开展深化设计工作，最终出具满足施工安装要求的构配件生产图纸。具有非接触、扫描速度快、实时性强、精度高、主动性强、全数字特征等优势（图 2-132）。

 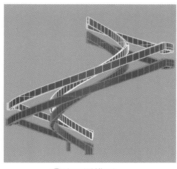 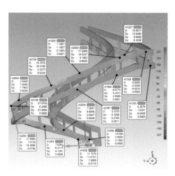

①三维扫描模型　　　　　　　②施工图模型　　　　　　　③对比检验数据

（a）旋转楼梯钢结构扫描逆向模型与设计模型对比分析
（上海国际舞蹈中心室内装饰工程）

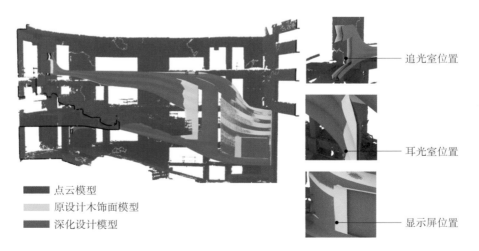

点云模型
原设计木饰面模型
深化设计模型

追光室位置

耳光室位置

显示屏位置

（b）1 200 人剧场飘带点云、设计、深化模型对比分析
（九棵树未来艺术中心室内装饰工程）

图 2-132　三维点云模型与设计理论模型对比分析

2.4.2 基于参数化的复杂异形构件产品设计及优化技术

（1）概述：随着计算机硬件性能的提升和数字化设计软件的迭代发展，在扎哈·哈迪德等先锋设计师的引领下，建筑设计的手段和创意不断升华，越来越多的设计师在建筑外立面与室内设计中选择使用非线性造型。无论是建筑的方案设计阶段、深化设计阶段还是建筑构件产品的生产阶段，非线性曲面处理都需要大量的高效率、高精确性的重复劳动，而用参数设计将在这个过程中起到至关紧要的作用。基于此，我司研发优化了一种基于参数化的复杂异形构件产品设计及优化技术。

（2）技术特点：参数是数学专业的名词，指改变方程结果的变量。在参数化设计中，将设计意图看成结果，影响设计变化的主要因素看成变动参数，设计的要求看成固定参数，然后用一种或多种算法指令来建立参数关系，通过控制参数与程序系统来表达设计想法和设计成果之间的关联，并用计算机图形学语言在软件中描绘参数关联生成的模型。参数化设计是一种在算法思维的基础上进行设计的过程，运用参数化设计可以快速精准地搭建非线性自由曲面模型，将设计结果与程序或算法、参数之间形成联动，通过输入不同的参数生成不同的设计成果，可实现设计结果与参数之间的动态变化，这比用搭积木方式的逐一手动建模更具有效率、更精准、更具有逻辑性。参数化设计的优势是将设计要求和限定条件设置成合适的参数，将初步的设计目标与这些参数串联起来，形成一个联动的程序系统，通过这种可视化编程建模的方式可以实时获得反馈，快速获得多种阶段性成果。

通过基于 Rhino 与 Grasshopper 提出建筑装饰工程中参数化设计的基本流程以及装饰饰面设计中的形态建立和优化的方法，并将该优化方案应用于装饰工程项目，完成了建筑室内异型曲面构件的方案设计、深化设计、装饰部件加工、安装等任务。应用基于 BIM 模型的参数化设计技术，可精准高效地完成异型复杂空间设计优化，并将数据信息从设计阶段传递到加工生产及安装阶段，从而降低施工成本和施工难度，提高工作效率。根据工程特点和优化目标搭建好程序系统后，将容易出错的、重复的、大量的密集型工作交给计算机去处理，将工程师从重复劳动中解放出来，从而可以将更多精力用于改进施工工艺、提升优化管理和组织协调资源。

深化设计阶段参数化设计主要工作流程包含以下内容：

① 由于装饰构件的安装依附于结构主体，在深化设计阶段时，参数化设计首先需对施工现场既有主体结构进行测量，将现场主体结构的实际尺寸与设计方案模型进行对比分析，根据主体结构调整方案模型的形体（图 2-133）。

② 基于 BIM 可视化技术进行内部、外部设计协同，及时消除施工干扰和工艺冲突，优化交圈收口处理，确认饰面造型。深化设计阶段，在 BIM 模型中对各类块料面层和整体饰面进行分割，找出具有节约材料、不易受损、造型美观、便于运输、搬运和施工等特性的排版方案。使用 Rhinoceros 和 Grasshopper，采用参数化建模的方式，可以通过每一个局部参数的变动改变整体的异形曲面效果，不仅节约了模型调整时间，而且同时提高了方案修改的效率（图 2-134）。

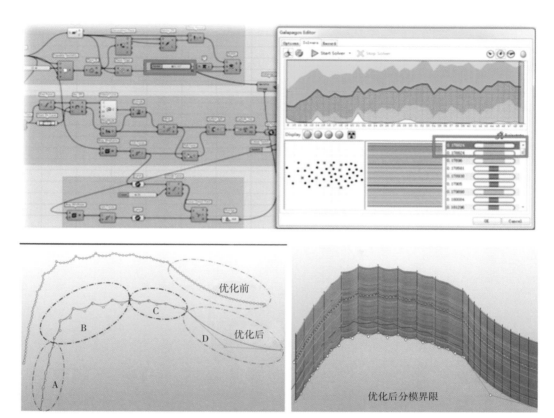

图 2-133　Grasshopper 结合遗传算法得出剧院单曲弧线位置的最优解
（北外滩 89 号地块商办项目精装修工程）

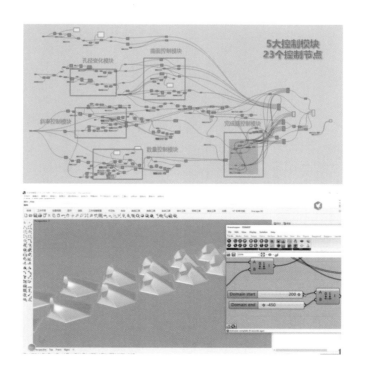

图 2-134　星空厅整体参数化控制模块及六边形喇叭口造型参数化设计
（北外滩世界会客厅）

2.4.3 基于声环境模拟的大型场馆混响时间及稳态声场优化

（1）概述：建筑声环境主要关注的对象是声场，北京天坛的回音壁，某种意义上就可以看作利用声场进行空间生成的例子。建筑声环境的研究范围主要包括室内音质设计，建筑隔声与噪声控制三部分。室内音质设计一般限于各类厅堂建筑，比如音乐厅、电影院、报告厅等，而建筑隔声和噪声控制则是各类建筑都存在的普遍问题。对于声环境来说，室内因素是重要的，譬如室内空间的大小，墙体的吸声系数，以及声源的指向性因素等。基于此，我司研发优化了一种基于声环境模拟的大型场馆混响时间及稳态声场优化技术（图 2–135）。

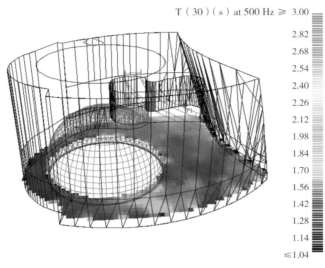

（a）"地球"展项外部空间混响时间（500 Hz）分布

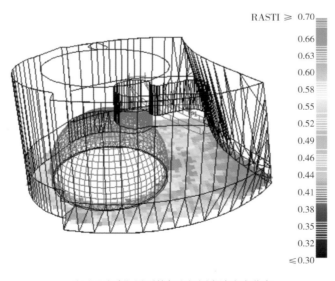

（b）"地球"展项外都空间语言清晰度分布

图 2–135 "地球"展项外部空间声环境模拟分析及优化
（上海天文馆展示与布展施工工程）

（2）技术特点：大型场馆混响时间及稳态声场优化（图2-136），是通过Cadna、Raynoise、Ecotect等专业声学分析软件对音乐厅室内声环境进行模拟分析，基于Grasshopper软件建立理想的声学参数化三维模型，以此对音乐厅内部进行空间设计，明确定向反射板的角度和扩散体的布置形式、尺度以及角度，以优化室内声环境。音乐厅声学参数化设计的最终结果是要获取理想的声学参数化三维模型，而声学模型的获取需要通过分析设计信息得到的设计参数建构形成有效的关联逻辑。算法形成及建模是应用参数化方法进行音乐厅声学设计的核心部分，根据声学研究理论，提取三类主要目标参数，将复杂的声学建模过程分成三个主要部分，分别是墙面扩散体参数化算法建模、早起侧向反射板算法建模以及声线算法建模。

在上海天文馆展示与布展工程中，因"家园"展区层高较高，整个展厅没有设置隔墙，为满足其声学要求，以BIM模型为基础，采用EASE声学模拟软件验证计算地球外部空间混响时间分布、地球外部空间语言清晰度分布以及地球外部空间混响时间分布。依据验证计算结果，现场采用噪音测试、数据反馈、吊顶吸音棉、墙体吸音材质等措施，保证建学声学混响时间达到0.8s。在音响选用上，充分考虑视听体验及设备功能问题，在确认方案之前进行空间环境效果检测。随机选取9个点位测试在不同声压级环境下，稳态声场的不均匀程度。经多次测试实验，最后确定由36只全频扬声器和4只超低音扬声器组成音响矩阵。

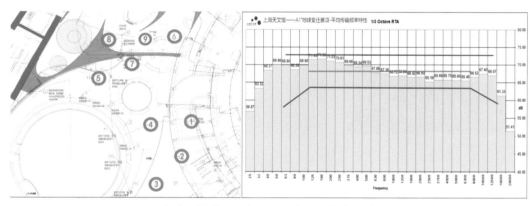

图2-136 "地球"展项不同声压级环境下稳态声场的不均匀程度
（上海天文馆展示与布展施工工程）

2.4.4 基于光环境模拟的大型场馆环境照度及展项色温优化

（1）概述：建筑光环境研究的对象主要是建筑的采光情况，即使在节能灯具普及的今天，由于灯具的光谱与自然光的光谱间的差别，自然采光对人的生理精神健康作用依然很重要。对于建筑光环境的影响也可以分三个层面进行讨论，首先是外部因素层面，主要有太阳辐射以及室外天空情况等两方面；其次是室内因素，也可以将其称之为主动的建筑照明因素，主要研究的对象是不同类型的灯具以及灯具的布置方式；最后是建筑本体与建筑光环境的关系，建筑的体型会影响建筑的光环境，也会影响到建筑的空间生成。基于此，我司研发优化了一种基于光环境模拟的大型场馆环境照度及展项色温优化（图 2-137）。

"地球"展项效果图　　　　DIALux 软件建模　　　　环境照度模拟

（a）"地球"展项环境照度模拟

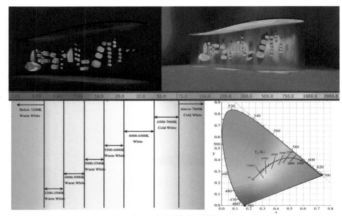

柜内静物效果图　　　　　　　柜内色温模拟计算

（b）"宇宙"展区柜体色温模拟

图 2-137　上海天文馆展示与布展施工工程

（2）技术特点：大型场馆环境照度及展项色温优化，是通过 DIALux 光学分析软件构建仿真场景，对庞大的灯光系统中经过反复严密的模拟优化。通过将灯光设计参数导入灯具配光模型，计算出适配的灯具配光曲线，调节多项布置参数（布灯方式、灯具安装仰角 α 和安装间距 D 等），对照明质量进行对比分析，辅助进行灯具选型，在确保合理照度及吊顶隐蔽性的基础上，对照明方案进行优化。

在上海天文馆展示与布展工程中，"家园"展区的染色照明、"星空"、墙面图文、紫光灯以及时空超细线条灯都属于展示效果照明，需要通过程序控制，也是动态照明区别

于传统展陈基础照明的关键所在。项目通过对环境的实地勘察与 DIALux 环境照度模拟分析，确保展区各展陈的合理照度以及吊顶的隐蔽性。"宇宙"展区"时空"主题区其主题色为黑色，照明由墙顶超细发明照明灯具及图文灯箱组成。整体空间考虑材质、灯箱、线形灯照度模拟空间照度。现场最终将 2.5mm 发光条宽度调整至 2mm，保证其亮度不影响游客视觉效果，也保证其整体色调统一。同时对展项柜体进行色温及显色度模拟，以确保在复杂照明环境下，尽可能真实地还原展项真实状态。

2.4.5　基于虚拟交互引擎的施工仿真模拟技术

（1）概述：施工工艺是用于指导施工的专项技术性文件，其技术合理性直接影响着施工方案的可实施与否。随着建筑构造的日益复杂，施工工艺和管理方法也相应不断进步，不同的组织方式和资源调配方法被不断引进，各类新材料、新工艺也不断地被应用于现场。传统施工方案中，一般通过文字说明和二维图纸的形式对施工工艺进行表达，只能对关键节点进行控制，无法表现施工过程动态变化，且表达方式缺乏直观性，难以清晰地对复杂工艺进行交底，往往会出现因技术人员识图理解偏差或交底不清晰而导致施工现场发生拆改、返工等情况。基于上述研发、优化了一种基于虚拟交互引擎的施工仿真模拟技术（图 2-138）。

（2）技术特点：通过数字化技术建立项目施工过程三维模型，结合专项方案进行前置虚拟施工，以施工逻辑串联成完整的视频。通过视频展示预先演示施工现场的现有条件、施工顺序、复杂工艺以及重点难点解决方案，选择最具可实施性的策略组合，提前模拟在实际施工过程中可能会碰到的问题，验证施工方案可行性，进行优化及完善，合理配置资源，减少返工，节约成本，确保施工质量。我司在现有基于 BIM 模型的可视化施工方案模拟基础上，开创性地引入 Unreal Engine 4 或 Unity 等顶尖虚拟交互引擎，通过参数化表征某一个具体工艺的施工行为，在虚拟交互引擎中建立一个精确且真实的装饰施工场景，实现对施工重难点区域的施工工艺工序的交互式可视化模拟，真正做到"所见即所得"。施工班组得以身临其境地，全方位、沉浸式地通过虚拟现实设备，来模拟施工过程中各类构件的定位及安装过程，熟悉相关施工工艺，提早发现作业过程中可能出现的问题，提高施工效率，确保施工质量。

在上海衡山宾馆大修及改造工程中，针对工程中复杂、特殊的施工工艺，在 BIM 模型可视化施工交底的基础上，对新材料、新工艺、新技术、重难点专项方案进行交互式可视化模拟。交底过程中，将施工 BIM 模型数据投射至交流屏幕，以模型为基础分解、讲解各项技术标准和参数，实时解答施工人员交底提疑，促使相关作业人员详细了解施工步骤和技术要点。

（a）基于虚拟交互引擎的装配式隔墙施工仿真模拟
（上海衡山宾馆大修及改造工程）

（b）基于虚拟交互引擎的钢塔铜板及装饰构件施工仿真模拟
（上海展览中心外立面保护修缮工程）

图 2-138　基于虚拟交互引擎的施工仿真模拟技术

2.4.6　基于智能放样机器人的构件精准定位安装技术

（1）概述：构件精准定位安装技术是建筑装饰行业的一项先进专项技术，该技术利用高精度放样定位设备结合规范、精准的 BIM 模型，实现装饰构件的快速、高精度的定位放样。应用该技术完成的立体构件，可以准确地表达出各种复杂立体风格，增加建筑装饰的艺术性。未来面对设计复杂、工期紧张、精度要求高的定位安装需求，该技术将被广泛使用。基于上述研发、优化了一种基于智能放样机器人的构件精准定位安装技术（图 2-139）。

（2）技术特点：基于 BIM 技术的放样机器人是融合了计算机技术、BIM 技术、光学测量技术、电台实时通信技术、自动控制与跟踪技术的全新施工放样技术。可依据 BIM 模型于短时间内同时对多个目标点进行三维空间放线，是一种能代替人进行自动搜索、跟踪、辨识和精确找准目标并获取角度、距离、三维坐标以及影像等信息的智能型电子全站仪，可以精准、高效地将 BIM 模型中的坐标数据放样定位至施工现场中对应的真实点位，放样精度可达毫米级，大幅提高工作效率，避免人为误差，减少劳动力投入。

智能放样机器人可以根据预设的参数和要求，快速完成放样任务，提高了现场放样的效率和生产能力。此外，智能放样机器人可以消除人为误差，减少测量和布置的不确定性，提高精度和准确性。在某些危险或高风险作业环境下，例如：高空、高温、有毒等，使用智能放样机器人可以避免人员直接接触危险环境，提高作业安全性和可靠性。

（a）智能放样机器人

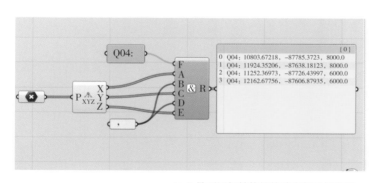

（b）吊顶网架结构铰接球底部坐标定位

（c）参数化设计程序批量提取放样坐标点

图 2-139　北外滩 89 号地块商办项目精装修工程应用

2.4.7　基于多轴雕刻的复杂造型构件数字化复原技术

（1）概述：建筑遗产修复不可避免，但是如何修复，以及修复的程度如何，都必须经过详细的论证，因为修复本身就是对建筑遗产的干预，应在尽可能最小化基础上，努力达到效用的最大化。对于建设初期的重要特色元素建筑装饰构件等，则尽量恢复原有构件、原有质感、原有样式。一旦采用错误的修复方式，不仅会影响最终的修复效果，还会损失大量无形珍贵历史信息，构件本身的内涵也会被歪曲，对建筑遗产造成不可逆的损失。基于上述研发、优化了一种基于多轴雕刻的复杂造型构件数字化复原技术。

（2）技术特点：在保护性建筑遗产整体修缮工程中，应遵从最小干预、真实性、可逆性、完整性原则，我司通过对传统修缮工艺及先进数字化技术的融合应用，开展基于多轴雕刻技术的建筑遗产复杂花饰造型数字化复原技术创新研究，采用手持式三维扫描仪与逆向建模相结合的方式，对待复原的复杂花饰造型进行高精度的数字化细节还原，形成毫米级精度的三维点云模型；在材料选择时，考虑到固定混凝土花饰会对大楼外墙造成较大的损伤，原结构是否能够承受此新增荷载也有待商榷，为杜绝安全隐患，故而选用 XPS 作为主要材料；根据花饰三维模型，通过多轴雕刻技术 1：1 地对花饰基层进行加工还原，再使用传统水刷石工艺进行面层还原，最终完成建筑遗产复杂花饰造型的数字化复原。对具体修缮技术而言，首要应保持传统的建筑外形，尽量采用传统的建筑技艺甚或修缮技艺。必要采用的现代材料、技术也要保证无害且可逆，以减小对有形实物及建筑风貌的损害。

在卜内门洋行大楼修缮工程中，大楼原有混凝土盾形花饰设计图纸已丢失，根据盾形花饰的三维模型，通过多轴雕刻额出盾形花饰的基层，然后再使用传统水刷石工艺粉刷出水刷石盾形花饰面层，最终复原了大楼门头的盾形花饰。大楼东立面实腹钢窗上的铸铁莨苕，同样采用 3D 扫描进行测量出模，并应用多轴雕刻技术进行样品确认，最后进行复原安装。在原始工艺的基础上采用一些加固措施防止了花饰拉扯实腹钢窗，造成整体钢窗的钢框架变形。最后完整地复原了东立面钢窗的莨苕花饰（图 2-140）。

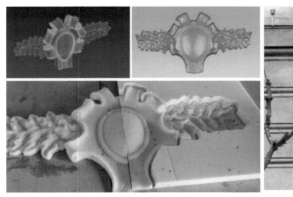

（a）数字化雕刻技术辅助盾形花饰构件复原

（b）数字化雕刻技术辅助立面钢窗的莨苕花饰复原

图 2-140　数字化雕刻技术辅助复原技术

2.4.8　基于增强现实技术的施工质量智能复核技术

（1）概述：工程项目质量检查涉及最终项目的交付成果，更涉及长远的工程质量保障，是施工管理中十分重要的一项工作。在实际工程质量检查过程中，细节繁多，需要对质量检查的结果反复跟踪和确认不合格项的整改成果，因此也成为一项需要严密的质量把控体系的工作。传统装饰工程中通过红外线和人工测量的工程质量检查及验收方式，缺乏对施工成品质量的实时判断和反馈的能力，主要依据技术人员的主观经验来进行分析及评估，存在周期长、效率低、易漏检等问题。基于上述研发、优化了基于增强现实技术的施工质量智能复核技术（图 2-141）。

（2）技术特点：增强现实技术（augmented reality，简称 AR 技术），是通过计算机技术，将计算机模拟的以图形图像为主的信息，与现实世界环境进行叠加，两者内容相互补充，从而得到一个实景与虚拟相结合的画面的技术。基于增强现实技术的施工质量智能复核，则是通过构建虚拟辅助模型，在拍摄的装配结果图像中定位检测关键区域，过滤冗余图像信息，进而基于图像检测模型对机电管线定位安装的关键节点位置进行判断，基于计算构件邻域平均重合度的方法求得了安装路径的重合度，基于相机逆投影的方法得到构件的弯曲半径。最后，利用 HoloLens2 开发了基于增强现实技术的施工质量智能复核技术。借助 AR 技术对施工质量进行检测，有着传统靠尺、水平尺等局部人工检测的手段不可比拟的优势，其检测结果更加全面、客观。

通过项目现场的实景与 BIM 模型的叠加，快速进行工程质量的审核与验收，这种方式无论是对机电还是对装饰基层、面层都有很好的适应性。通过增强现实技术实现虚拟影像与项目实景的叠加，以辅助现场安装质量的检测，实现毫米级定位安装定位和质量检查，辅助安装定位和质量检查，为交底和验收环节提供可视化的参考和指导，进行自动识别和半自动验收，检测数据实时上传至数字化管理平台，为各参建方的协同工作提供直观、清晰、准确的数据比对基础。基于 AR 数据的可视化、可量化特征，通过定量分析为主，定性分析配合的方式，对工程成品质量作出量化分析与评估，最大程度避免了传统模式下基于经验主义单一地通过定性方法来判断问题，真正做到对症下药，具有高效、经济、便捷、精度高等优势。

（a）机电管线施工质量智能复核

（b）复杂盾形花饰构件修缮质量智能复核（卜内门洋行大楼修缮工程）

图 2-141　基于增强现实技术的智能复核

2.5 工业化协同信息化管理平台

进入工业 4.0 时代，在企业产业升级的过程中，信息化协同至关重要。智能化动态的信息管理系统研发与应用使企业能够快速应对日新月异的市场变化。装饰工程图文档协同管理平台、构配件管理平台、项目信息远程协同平台、工艺节点数据库的研发和应用是现阶段装饰企业变革的重中之重。通过打破知识孤岛，发掘数据价值，汇聚节点数据，提升信息感知和处理能力，持续深化建筑装饰信息化与工业化融合发展，创造更加高效的协同。

2.5.1 装饰工程图文档协同管理平台

（1）概述：工程图的设计是一个需要多人协同、多次往复的过程。草图需经多次审议、修订才能作为成图发布。在审议、修改过程中，传统的绘出图来传递、面对面讨论的方式已远远不能适应要求高效率的网络时代。同时，成图还会因施工中发现的问题而需进一步修改，需要持续性地交底。随着 BIM 技术的发展，传统的图纸管理模式，也不适应当前以电子文件作为传递工程图的媒介的发展趋势。基于此，我司研发了装饰工程图文档协同管理平台，来支持各类设计工作的线上协同工作及审议，并有效进行图档管理，有效提升管理效率（图 2-142）。

（2）技术特点：装饰工程图文档协同管理平台是基于 SAAS 模式部署的开放式项目协作平台，通过云平台的方式帮助工程项目各参与方进行文档管理、团队协作、BIM 管理应用，解决工程项目多方沟通困难的难题，提高各方的工作效率，逐步实现项目全生命周期的可视化管理。平台总共有 3 种角色：项目管理员、组织管理员、普通成员。项目管理员默认为项目创建者；组织管理员负责管理组织下的成员变更；普通成员无特殊权限，同一个组织下的普通成员权限相同。所有图纸文档的权限均可单独分配至个人，支持多级审批。通过自定义任务流程、表单、报表、功能模块、界面，可以灵活配置出适合各类装饰工程的项目模板，满足了项目部对于图文档的敏捷型管控的需要。平台还支持 BIM 模型管理功能，无须安装任何软件，直接通过 WEBGL 技术在网页端实现模型相关属性的操作，包括构件查看、模型漫步、模型剖切、图层筛选、安置视点、快速测量等功能。

基于装饰工程图文档协同管理平台，实现项目图文档和模型信息的高效传递和可视化交底。图纸的变更会自动推送至相关人员，实现各部门、各专业人员的有效协同，充分发挥网络的优势，使得工程协同不再受限于时空的限制。

（a）项目看板

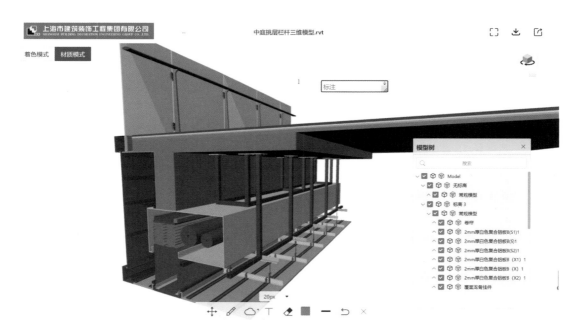

（b）模型在线浏览

图 2-142 装饰工程图文档协同管理平台

2.5.2　构配件管理平台

开展建筑构件全生命周期物流管控技术研究，实现每个建筑构件，从设计、制造、装配、卸解、实测、加工、复用，直至最终报废的全生命周期的数字化跟踪和控制。开展基于数字标签的可信物料数据流管理平台技术研究，针对建筑构件制造过程中涉及多个环节和参与方，部分关键信息难以有效、准确地传递的现状，建立建筑构件实体与数字化流转的关联映射，实现项目物流信息的数字孪生和高效运转（图 2-143）。

图 2-143　二维码物流平台

2.5.3　项目信息远程协同平台

（1）概述：如今国内疫情常态化防控机制使得各类工程建设项目普遍受到影响，尤其是对于跨省市异地项目的远程管理，面临着诸多不便，管理难度直线上升。在当下"一手抓疫情防控，一手抓工程建设"的行业特殊背景下，项目管理人员无法及时赶赴项目一线进行生产、技术、质量管理等工作，由此引发了异地工程生产、技术沟通协调难、质量检查难、信息共享难等现实问题。基于上述研发、优化了一种全景云平台的项目信息远程协同共享技术。

（2）技术特点：全景摄影技术是指通过专业设备，在固定点位上进行环形连续拍摄，得到具有部分重叠区域的图像序列，经图像预处理、颜色校正、优化纠偏、匹配变换及融合拼接等步骤后，即可构成一幅可于拍摄点位上进行任意视点自由浏览的全景图像，给人以身临其境的三维立体观感，实现了真实视角下特定场景的高精度还原，相较传统摄影手段，其立体感、沉浸感更为强烈，同时也避免了光学畸变、错漏返工等情况的发生，能提供传统影像资料所不具备的信息扩展与多样化的交互式展现方式。针对疫情背景下异地项目管理难题，通过在全景影像对应位置链接文字、图片、视频等热点的形式，基于云平台进行异地项目管理数据的匹配与交互，于云端实现项目场地任意角度现状查看，结合设计图纸或方案文本即可远程为项目量身定制各类专项技术方案，也可指向性地检查施工过程中质量问题，设置热点链接留下问题描述及整改建议，最终形成质量检查报告。

基于全景云平台，实现项目信息的远程协同共享，并且在一定程度上可覆盖较为简单的管理职能，实现工程各条线图纸、文档、模型网页端在线浏览、版本更新及沟通协调工作，实现工程全过程的信息共享。同时，作为疫情防控下的装饰工程常态化技术质量检查的新型技术手段，主要体现在操作简单，随时开会随时沟通，适用于每周技术例会或定期质量检查，针对里程碑性时间节点下的进度质量检查及工作汇报，可备份及多次查看。努力将疫情的不利影响降到最低，并通过提升项目的数字化信息化管理推动企业数字化转型。

2.5.4 工艺节点数据库

（1）概述：随着计算机技术的快速发展和应用，基于 BIM 的数字化建造已经成为建筑行业的重要发展方向。深化设计工作在整个装饰工程中有着举足轻重的地位，不但要求对设计师的思维有深入的理解，还要精通现场施工技术和工序。在建筑室内装饰及幕墙工程深化设计工作时，经常遇到个人知识盲区、传统模式效率低下、不同维度信息分散、分享知识途径单一、工作缺少规范标准等几大问题。基于此，我司研发了以企业自身需求为导向的工艺节点数据库（图 2-144）。

（2）技术特点：工艺节点数据库，实现了线上的快速查阅、上传、下载深化设计标准节点、打破数据孤岛，形成高效的知识分享新模式，可以帮助深化设计师更好地成长。基于关键词智能提取技术，平台提供树形结构和模糊搜索两种快速检索形式，满足不同类型用户的需求；通过树形结构可以菜单式查找所需节点文件，模糊搜索可对模型进行多个维度的搜索，包括名称、存储路径、关键字、数据编码等；搜索结果可直接点击查阅和下载，让沉淀的模型数据发挥最大价值。针对在深化设计师经验积累过程中，对节点构造的理解往往停留在二维平面的维度上，很难形成完整的三维空间概念，同时二维节点无法满足 BIM 正向设计的需求的问题；平台提供了三维模型在线浏览功能，为深化设计师提供了更便捷的学习方式。参数化标准节点库数据管理平台，在预置大量标准化节点数据的同时，对外也提供节点上传功能，为广大深化设计师提供知识积累渠道，为后续的持续学习提供信息支撑。设计师可自行上传设计成果，参与平台的完善，节点名称及编码均采用自动编码，关键字等信息为内置下拉列表，保证了数据格式的统一。通过这种模式，参数化标准节点库将不断迭代完善，以满足集团不同项目的设计需求。

基于工艺节点数据库，对现行国标图集、行业规范、标杆企业内部施工技术管理标准等的收集、分析、筛选及梳理，从强制标准、装饰构造、材料选用、施工工艺等方面结合当前装饰工程中的工艺构件模型数据进行归纳总结与研究；并将规范成熟的工艺节点、工法和经验汇编成数字化图集册，使之能够再次服务于装饰集团今后的项目，提高项目施工技术和质量标准。对内，既能作为新进员工的岗位培训内容，使其能在较短时间熟悉和掌握公司的管理技术和流程；也可以当作老员工的规范速查及操作手册使用。对外，可以服务于行业和社会，不断扩大公司的社会影响力。

（a）模型搜索

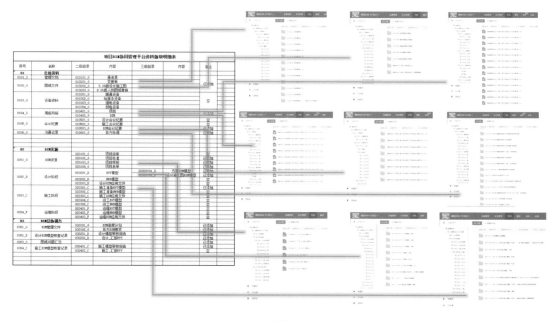

（b）图纸查阅

图 2-144　参数化标准节点库数据管理平台

2.6　智能施工装备与绿色机具

专业化的绿色施工装备与机具在施工阶段的正确使用可以有效地提高施工的效率与安全性。根据使用阶段可以划分为测量与数据采集的装备与机具、现场作业辅助的装备与机具、现场作业的施工装备与机具。根据不同的使用阶段，施工装备又可细分为登高作业装备、饰面材料提升辅助与安装装备、地面找平装备与机具、墙面找平装备与机具、第二现场加工装备、电动无绳施工机具等。

2.6.1　登高作业装备

2.6.1.1　剪叉式高空平台

剪叉式高空作业平台是用途广泛的高空作业专用设备（图2-145）。剪叉机械结构，使升降台起升有较高的稳定性，宽大的作业平台和较高的承载能力，使高空作业范围更大、并适合多人同时作业。它使高空作业效率更高，安全更保障。剪叉式高空作业平台分固定剪叉式，移动剪叉式，自行剪叉式，车载剪叉式等多种类型。

自行剪叉式高空作业平台能够在不同高度工作状态下快速、慢速行走，可以在空中方便的操作平台连续完成上下、前进、后退、转向等工作，该装备在满足狭窄拥挤空间和对重量有限制的高空作业应用需求的同时，还可以自如出入楼宇客梯。当前剪叉式高空作业平台可满足 5.6 ～ 18m 的作业高度要求。

剪叉式高空作业平台　　　　　　　采用剪叉式高空平台安装预制 GRG 模块（北外滩世
　　　　　　　　　　　　　　　　　界会客厅多功能厅）

图 2-145　剪叉式高空作业平台及其应用

2.6.1.2　直臂式高空平台

直臂式高空作业平台采用模块化、轻量化、通用化、智能化等现代化设计手段，具有工作灵活、高可靠性等特点（图2-146）。四轮驱动和摆动轮轴系统大幅度提高越野性能，爬坡能力高达45%，适应各类恶劣工况。直臂式高空平台臂架伸缩控制平稳，其伸

缩最低稳定速度可控制在 0.015m/s。当前剪叉式高空作业平台可满足 20.3 ~ 68m 的作业高度要求。

图 2-146 直臂式高空平台

2.6.1.3 曲臂式高空平台

曲臂式高空作业平台采用多级折臂组合方式设计，灵活方便，可跨越一定的障碍，在一处升降进行多点作业（图 2-147）。安全性较好，移动便捷，并能在空间受限区域灵活工作，驱动电机采用交流电机，动力更强劲，更节能环保。采用锂电等新能源驱动的曲臂式高空作业平台车身窄，无痕胎，低噪音、零排放、动力强，是室内和室外高空作业的重要装备。

（a）曲臂式高空平台　　　　　　　　（b）采用曲臂式高空作业平台安装吊
　　　　　　　　　　　　　　　　　　　顶模块（"顶尖科学家论坛"会址）

图 2-147 曲臂式高空作业平台及其应用

2.6.1.4　蜘蛛式高空平台

电动电驱蜘蛛式高空作业平台产品，锂电动力，电驱行走，结构紧凑，具有优良的越野性能和通过性能，提供业内同级更高工作高度，更长续航时间的纯电动蜘蛛式高空作业平台（图 2-148）。能满足多种工况施工需求，特别是在机场火车站、科技馆博物馆、商场综合体、体育馆及酒店等大型建筑室内作业中优势明显；底盘宽度小，重量轻，可进入各种狭窄通道及室内狭小空间进行高空作业；接地比压小，越野能力强，支腿自动调平，可满足室内外多种复杂工况，是一款适用范围广泛，场地适应性强、作业灵活、操控平稳的产品。同时，它的液压控制系统运用精准的比例，使得装备响应快速，操控平顺。

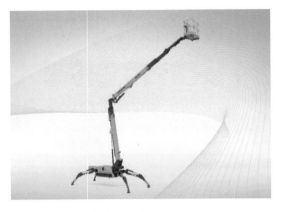 

（a）蜘蛛式高空平台　　　　　　（b）采用蜘蛛式高空平台进行饰面安装（上海科技馆）

图 2-148　蜘蛛式高空平台及其应用

2.6.1.5　套筒式高空作业车

套筒式高空作业平台采用纯电驱动，具有结构轻巧、操作灵活，无噪声、无污染，全行程行走，适用于仓库、超市、酒店、机场等狭窄空间环境，3m 水平延伸，覆盖更多作业范围体积小巧，重量轻，飞臂可做上下挑伸的特点，尤其适用于装饰工程中拦河等部位（图 2-149）。当前套筒式高空作业车可满足 11.8m 的最大作业高度。

外形尺寸（长 × 宽 × 高）：11.25m × 2.44m × 3.00m。

适合施工区域：吊顶格栅、玻璃幕墙、外围格栅、GRC/UHPC 安装、安装（图 2-150）。

（a）套筒式高空作业平台

（b）在拦河区域应用有效替代脚手架

图 2-149　套筒式高空作业平台及其应用

图 2-150　曲臂式高空平台（800A）

2.6.1.6 越野伸缩臂叉装车

平台高度：24.8m。

工作高度：26.8m。

最大水平延伸：17.5m。

平台承载：7 000kg。

外形尺寸（长 × 宽 × 高）：7.55m × 2.49m × 3.05m。

适合施工区域：GRC/UHPC 安装，玻璃幕墙安装（图 2-151）。

图 2-151　越野伸缩臂叉装车（MRT-2470P）

2.6.1.7 电动真空吸盘安装车

电动真空吸盘安装车可应用于玻璃幕墙、铝合金装饰板、混凝土墙体预制件、石材装饰板等板状装饰材料在建筑体外或楼层内的安装。集抓取，行走，提升、翻转旋转功能于一体。摒弃了传统人力安装方式或借助电动葫芦等灵活性较低的装置进行大板块饰面的安装。提升安装效率的同时也大幅增加了安全性（图 2-152）。

装备具有小巧灵动，多种功能于一体的特点，可专配遥控远程操作；且能进入工程电梯进行跨楼层转运。

设备优点：室内玻璃隔断，装修板材安装，设备小巧。

最大吸附力：800kg。

图 2-152　电动真空吸盘安装车

2.6.2 饰面材料提升辅助与安装装备

2.6.2.1 汽车吊

25t 汽车吊参数：

最大工作幅度：22m。

车尺寸（长 × 宽 × 高）：12.55m × 2.5m × 3.38m。

基本臂长：10.4m，全场臂长：32m。

最大起重重量：9.1t，最大起升高度：22.9m（图 2-153）。

50t 汽车吊参数：

最大工作幅度：28m。

车尺寸（长 × 宽 × 高）：13.75m × 2.8m × 3.52m。

基本臂长：11.3m，全场臂长：55.2m。

最大起重重量：17.4t，最大起升高度：42.1m（图 2-154）。

适合施工区域：GRC/UHPC 板吊装，50t 汽车吊用于屋面直立锁边的吊装。

图 2-153　25t 汽车吊

图 2-154　50t 汽车吊

2.6.2.2　玻璃吸盘车

设备优点：设备可实现毫米级微动，安装精度高，极大减少人工，降低玻璃破损率。

最大安装玻璃：3.7t。

最大安装高度 40m（图 2-155）。

图 2-155　玻璃吸盘车在顶尖科学家论坛永久会址建设中的应用

2.6.3 整体地坪机械化施工装备与机具

2.6.3.1 机械化铺料装备

铺料机作为建设浇筑混凝土所用的机械设备，适用于高层建筑及大面积混凝土工程的施工（图 2-156）。现今，布料机对于工程建设有着很大的作用，已成为工地上施工不可缺少的修建机器之一，一般与混凝土泵装备配套应用。

（a）机械铺料装备

（b）中型伸缩臂 360° 旋转激光整平摊铺机

图 2-156 常用铺料机

2.6.3.2 机械化找平、抹平装备

激光整平机是根据大面积水泥混凝土地面等对地面质量如强度、平整度、水平度等越来越高的需求而研制的（图 2-157）。使用精密激光整平机铺注整平的水泥混凝土地面，较按常规方法所铺注的地面质量要好得多：地面平整度及水平度提高 3 倍以上，密实度及强度提高 20% 以上，同时还能够提高工效超过 50% 并节省约 35% 的人工。其激光系统配备多种自动控制元件，以每秒 10 次的频率实时监测整平头的标高，确保铺注的地面平整度和水平度得到有效的控制。同时，其强力振动器振动频率达 4 000 次 /min，确保混凝土振捣密实，使整个铺注的混凝土基体均质、致密。

（a）大型伸缩臂 360° 旋转大型混凝土激光整平机

（b）混凝土激光整平机

图 2-157　常用激光整平机

机械打磨装备一般指自动抹光机，或是新型的地面抹光机器人。自动抹光机也称为收光机，它的主要结构是一个汽油机驱动的抹刀转子，在转子中部的十字架底面装有抹刀。抹刀倾斜方向与转子旋转方向一致，由汽油机带动三角皮带使抹刀转子旋转。操作时，先打着火，握住操纵手柄，两个一起往前推是往前移动，一起往后拉是往后移动。平均每小时能做 100 ~ 300m²，与人工抹光比较可提高工效 30 倍以上。地面抹光机可广泛用于高标准厂房、仓库、停车场、广场、机场以及框架式楼房的混凝土表面的提浆、抹平、抹光，是混凝土施工中的首选工具（图 2-158）。

机械打磨装备一般使用方法为：

①启动抹光机，操作把手；

②握紧操纵杆，让机身保持平衡；

③抹光机工作时，一定要扶稳抹光机，在地坪上作业时要及时调整方向，以免机子失去控制；

④ 先粗磨，后细磨。底部磨盘粗磨之后，等地面适合细磨时去掉磨盘，用抹刀细磨。

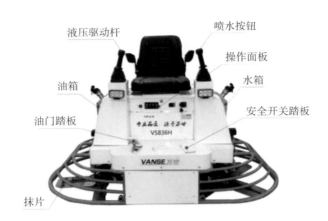

图 2-158　全液压座驾式抹光机

2.6.3.3　整体地坪机械化施工辅助装备

除机械化铺料装备、机械化找平、抹平装备外，还有一些其他机械化装备，如振动梁、振平尺、背包式振动器、作为整体地坪机械化施工的辅助装备。

1）振动梁、振平尺

振动梁与振平尺的原理相似。根据振动压实理论，在振动压实过程中，混凝土颗粒间的相互运动加剧，摩擦力和黏结力急剧减小，混凝土内部产生位移、挤压，最后达到密实（图 2-159）。水泥混凝土受振后，呈现出较高的流动性，料粒间产生滑动、其空隙被水泥砂浆填满料中的空气，在振动过程中绝大部分形成气泡被排除。易流动的混合料填充到各个角落，从而获得较高的密实度，同时在骨料下落过程中混合料中的水泥砂浆泛上，形成一定厚度的砂紫层，经真空吸水、抹平等工艺处理后，使混凝土表面的平整度得到很大的提高。

振动梁和振平尺是指浇筑混凝土路时，面对面层厚度不大、无法用插入式振捣，对混凝土表面进行振捣和修整的一种机器。

一般用于：①提浆；②整平。

（a）振动梁

CSDE 振平尺技术参数	
型号	ZPC
尺寸	900mm×680mm×700mm
净量	19.5kg

（b）振平尺

图 2-159　振平梁、振平尺

2）产品化构造缝

产品化构造缝具有棱角保护扁钢：永久保护伸缩缝边角混凝土，不受车辆等长期碾压破损；带鞘套的传力钢板：能够整体进行力的传递，确保伸缩缝两边地坪表面平水一致，不受地基不均匀沉降影响，而带来的伸缩两边地坪出现高低差现象；分仓缝钢板：作为施工时的永久模板，使得施工快捷、方便、省工省时；自由伸缩鞘套：独特的设计，相比于传统的杆式传力板，能够使地坪在纵横两个方向伸缩，避免使用时出现裂纹等特点（图 2-160）。

图 2-160　产品化构造缝安装

2.6.3.4　整体地坪质量检测装备

1）整体地坪质量检验装备与工序

① 测量选取地坪垂直两个方向上均等距离的多条直线取值；

② 必须选取足够多的数值保证统计显著性；

③ 每 300mm 软件自动计算倾斜度的变化获得 FF 值（FF）；

④ 每 3m 软件根据获取的数据自动计算 FL 值；

⑤ 测量线需要距离地坪边缘，距离施工缝和柱子 600mm（否则会显示错误）；

⑥ 测量时需要获取三组 F 数值（图 2-161）：每根测量线的 FF 和 FL 值，每块地坪的 FF 和 FL 值与项目总 FF 和 FL 值；

⑦ 汇总所有地坪块的测量结果得出总的 FF 和 FL 数值，并与设计值做比较；

⑧ 需要在地坪完工后 72 小时内测量。

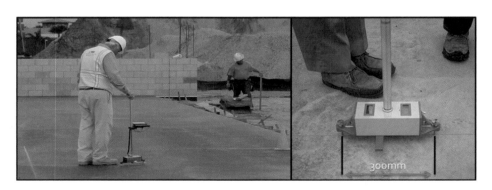

图 2-161　F 数值检测仪器操作图

2）整体地坪质量检验装备的优势

① 是帮助承包商提高地坪平整度和水平度的有效工具；

② 如果局部地坪没有满足最低局部 F 值要求，则需要进行修补或重做。如果各方都

能对地坪进行合理预期并理解操作规则，那么这种种失败比较少见的；

③ 通过 F 值的获取能够帮助施工商选择合适的混凝土，施工方法及混凝土收光程序来达到预期结果；

④ F 值确实能获得可记录的数据来证明平整度和水平度的质量，而人工靠尺实验达不到。

2.6.4　工业化施工机具

2.6.4.1　工业化施工机具概述

工欲善其事必先利其器，电动施工机具的出现大幅提升了材料二次加工、现场施工作业的效率。20 世纪美苏进行了长达 40 年的军备竞赛，其中包括美国提出的星球大战计划，百得公司发明了世界第一把镍镉电池无绳手枪钻，无绳技术发展可以解决在外空无外接电源情况下使用工具维修太空舱（图 2-162）。

图 2-162　1961 年全球第一把镍铬电池手枪钻面世

随着我国经济的快速发展，各个行业对于完成工作的速度、质量都有了更高的要求。使用电动工具完成工作更能发挥出速度、质量优势。电动工具的正确使用能减轻劳动强度、提升作业效率、稳定最终产品质量。

充分意识到先进施工机具的规范化应用是实现装饰工程工业制造的重要构成，是企业品牌形象提升、引导工艺的变革与创新的重要体现。对先进的无绳施工机具进行推广并列为上海市建筑装饰工程集团有限公司"十四五"期间的一项重要工作，成立了专门的推进小组。通过品牌调研、头部企业战略合作、产品体系梳理、示范项目应用、专题观摩、集团自有产业班组组建与专项培训、常态化应用与培训等一系列手段实现施工机具由点及面的常态化应用。

上海展览中心外立面修缮工程中采用电动起子进行铜构件保护性拆除。施工机具避免了高处作业过程的临时布线，并且机具便于携带实现了高效拆除（图 2-163）。

（a）采用电动起子进行铜构件保护性拆除

（b）采用角向磨光机进行局部除锈

图 2-163　电动起子、磨光机施工机具应用

上海张江科学会堂项目采用带有集尘装置的钻孔设备实进行预埋件固定，采用冲击式起子机进行饰面板安装，在实现高效作业的同时大幅降低施工过程的粉尘污染（图 2-164）。

图 2-164　采用带有集尘装置的钻孔设备进行钻孔

东大名路 359 号外立面修缮工程中采用充电式照明设备实现室外空间夜间施工灵活性照明，由于不需要布设临电设施，夜间施工的作业面得到极大程度的拓展（图 2-165）。

图 2-165　采用充电式照明设备进行夜间施工照明

企业自有产业化班组立足于服务企业自身需求，兼顾行业发展需要。目前产业化班组主要满足企业对于重点工程先行段高标准实施、重点客户演示示范、自主研发的工艺样品试制、标准化作业指导课件制作配合等四项主要工作。班组成员均受过系统化的培训，属于懂技术能操作的复合型人才。

2.6.4.2　工业化施工机具基础分类

1）按动力来源分类

工业化施工机具按动力来源可分为充电式、插电式和燃油式（较为少见）。

2）按机具功能分类

工业化施工机具按功能分类可分为测量类、紧固类、钻孔类、切割类、打磨类、凿堑类、剪切类、搅拌类、射钉类、雕刻类、刨削类、修边类、砂光类、照明类与清洁类等多种。

2.6.4.3　工业化施工机具分类

通过产品线梳理，对适用于装饰领域的手持式施工机具进行了优选（表 2-3），并稳步推进规范化的操作培训。

表 2-3　施工机具选用手册

序号	名称	用途	图片	净重
1	手提式型钢切断机	可用于型材无火花快速断料 2s 内切断 41 槽钢 /M12 丝杆		22.2kg
2	便携式型材断料冲孔一体机	可用于型材无火花快速断料、冲孔		110kg
3	多功能木工操作台	可用于板状材料多角度裁切		35.1kg
4	抹灰石膏拌料喷涂一体机	可用于墙面抹灰石膏拌料、压力喷涂		290kg
5	锂电枪钉枪	可用于混凝土连接以及型钢连接、混凝土，钢材，石材和砖墙等的锚固		4.3kg

（续表）

序号	名称	用途	图片	净重
6	充电式起子电钻	可用于钻孔、紧固件紧固		3.0kg
7	充电式起子机	可用于钢板、木材快速紧固		2.0kg
8	自动送料螺丝枪	可用于干壁钉连续固定		2.2kg
9	充电式扳手	可用于螺栓等需要大扭矩紧固件紧固		3.3kg
10	充电式角向冲击扳手	可用于狭小空间紧固作业		1.7kg

（续表）

序号	名称	用途	图片	净重
11	充电式螺丝刀	可用于小空间紧固作业		0.36kg
12	充电式电锤	可用于无尘化快速钻孔		6.8kg
13	电动搅拌机	可用于黏接剂、腻子低噪声拌料		2.8kg
14	充电式螺纹杆切割机	可用于丝杆、吊筋无火花切断		6.0kg
15	充电式打孔机	可用于金属型材低噪声、无火花快速打孔		6.0kg

（续表）

序号	名称	用途	图片	净重
16	充电式滑动复合式斜断锯	可用于线型材料任意角度切割		31.1kg
17	充电式墙壁砂光机	可用于乳胶漆基层无尘化打磨		4.5kg
18	充电背负式吸尘机	可用于乳胶漆基层无尘化打磨配套		4.3kg
19	充电式区域照明灯	可用于施工现场照明辅助		15kg
20	充电式工作照明灯	可用于施工现场照明辅助		15kg

（续表）

序号	名称	用途	图片	净重
21	工业吸尘器	可用于施工机具配套吸尘		9.6kg
22	充电式风冷夹克	可用于高温季节施工作业穿戴		0.54kg

2.6.5　基于专项需求导向型的创新装置

2.6.5.1　基于物联网的高空作业人员安全防护装置规范性监测装置

本装置研发思路重点聚焦导致吊篮事故的人为因素，将现有物联网传感技术与信息化技术充分结合到施工现场缺乏实时性与检测准确度的吊篮作业人员安全监测上，建立了基于压电式传感器的高空作业人员安全防护装置规范性监测装置及实时报警系统（图 2-166）。当安全绳锁扣挂至吊篮负载结构时，其传感控制装置被拉紧，压力传导至压力传感器，通讯模块会每隔一定周期，将压力开关信号转换为电路逻辑信号发送至接收基站，更新管理平台的数据状态，使得地面安全管理人员可以在高空作业过程中通过系统对施工人员安全绳锁扣闭合状态进行实时监控（图 2-167）。

有效提升幕墙工程吊篮高空作业安全管理水平，减少因安全绳佩戴不规范而导致的人身安全事故发生概率，极大提高了高处作业吊篮的使用安全系数，对潜在安全隐患进行有效防控，提高项目管理人员对高空吊篮作业的信息化监管能力，克服了吊篮作业过程中地面安全监管人员缺乏有效手段获悉高空作业人员是否规范佩戴安全绳的难点问题。提高了高空作业人员安全监测效率与准确性，改变施工事故发生时信息传递的方式，由传统口头信息传递转变为现场报警装置的实时预警，优化管控流程，减轻基层管理人员负担，提高信息传递时效性，减少因人为因素而导致的高空作业事故发生概率，对建筑业的良性发展具有重要意义。

图 2-166　基于物联网的高空作业人员安全防护装置规范性监测装置

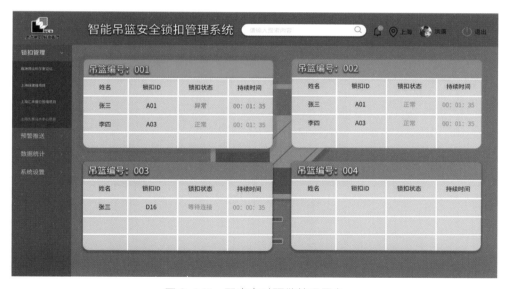

图 2-167　配套实时预警管理平台

2.6.5.2　基于 RFID 的幕墙工程干挂背栓工艺施工质量验收装置

目前的幕墙施工中干挂和背栓工艺的施工质量管理存在以下常见问题：

（1）在进行外立面石材幕墙高空吊篮安装作业时，由于篮体有效工作面小，质量安全管理人员难以随时跟进、贴身观测，安装质量基本依靠安装工人的自觉性，经常出现紧固件扭转圈数不达标，紧固件点位少装、漏装等问题。

（2）一些装饰板材的尺寸和龙骨贴近距离，决定了紧固件安装空间极为狭小，一方面安装难度较大，致使工人容易懈怠偷懒；另一方面，也给现场管理人员的成品质量检查及工艺复核带来了很大的障碍。

（3）普通视觉和红外探测手段无法穿透石材表面对紧固件安装状态进行检测，超声波探测手段虽然可以穿透石材，但对与金属龙骨合为一体的锚栓类紧固件，亦无法有效识别，一旦紧固件没有安装达标，极易发生坠落，造成严重后果。

本装置基于物联网及 RFID 射频识别技术，对背栓式石材幕墙干挂工艺受力节点紧固状态进行无接触式检测（图 2-168）。通过将无源 RFID 天线进行拆分，基于紧固状态进行接触式激活，克服了质量监察人员无法实时进入狭窄的龙骨紧固节点施工区域，面层封闭后缺乏有效手段进行透视，无法进行工艺复核的难题，结合自开发的幕墙紧固件合规性检查系统，实现安全隐患的自动检出。是装饰面层封闭后，面板与基层龙骨挂接点的施工质量智能化检测的关键技术之一。

（a）基于 RFID 的幕墙工程干挂背栓工艺施工质量验收装置

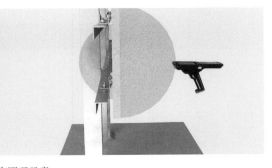

（b）装置工作原理示意

图 2-168　基于 RFID 的幕墙工程干挂背栓工艺施工质量验收装置及工作原理

对建筑业来说，质量安全事故造成的经济损失及人员伤亡是阻碍行业可持续发展的重要因素，本装置基于 RFID 技术研究与应用，构建了一套背栓式石材幕墙干挂法施工工艺的质量管控机制，形成了一套具有创新性及通用性的螺栓紧固状态检测办法，实现对石材装饰面板背面不可见区域紧固件的无接触式安装质量检测，对幕墙安全防坠领域产生积极作用。进一步拓宽工地现场精细化管理水平，及时发现问题解决问题，优化管控流程，减轻基层管理人员工作负担，降本增效，对企业形成减损效益，对建筑业良性发展也具有重要现实意义。

2.7　结语

在"中国制造 2025"新一轮科技革命和产业变革背景下，工业化正在给中国建筑业带来新的影响。工业化建造方式与传统建造方式相比具有先进性、科学性，有利于促进工程建设全过程实现绿色建造的发展目标，是一场生产方式的转型，是实现绿色低碳发展的基础。数字建造与智能建造促进了建造活动的技术进步，同时提升了绿色效益和精益化程度，生产方式得到根本性变革。工业化时代是一个标准化、去个性化的时代，而后工业化时代更彰量个性化定制与柔性化。工业智造是建筑装饰行业高质量发展的必然趋势，绿色低碳赋能是后工业化时代建筑装饰行业可持续发展的必由之路。

未来的建筑装饰建造系统与产业体系必将超越现有企业模式与工业形式的范畴，装饰工业智造必将接轨"中国制造 2025"，通过工业智能建造、数字交付，实现建筑、结构、机电、装饰全专业协同设计，实现数字设计、工厂加工、现场施工、智慧运维的纵向拉通，提高建造精细化水平，避免"错漏碰缺"，有效避免返工，从而节约能源、资源。从工业建造到工业智造，在"互联网 +"和"中国制造强国"两大国家级战略助力下实现快速发展。

"十四五"阶段，上海市建筑装饰工程集团有限公司借助上海建工领先的研发平台、厚重的品牌支撑、强大的三全战略，将装饰工业化与数字化、信息化、绿色化全方位融合创新，通过一系列重大工程、地标工程的锤炼，取得了丰硕的成果。未来已来，装饰工业智造作为时代发展的必然趋势，必将进一步助推上海建工装饰集团走上高质量可持续的绿色低碳发展道路。

第 3 章

3.1　北外滩世界会客厅

　　北外滩拥有目前上海中心城区唯一一块可成片规划、深度开发的黄金地段，北外滩沿线多为保留的历史建筑，历史建筑种类繁多、形态各异、内涵丰富。因此，在城市化背景下进行历史建筑改造，必须要正确认识历史建筑本身所蕴含的历史记忆和文化内涵，以便在为城市发展增添新型功能性建筑时，不破坏传统的建筑肌理，保存历史建筑在城市发展中的个性化特点。上海建工装饰集团承建了1号楼21 164m²，功能楼层4层；

1—主会场：异形曲面六边形发光吊顶；
2—北外滩世界会客厅外景

2号楼：14 773m²，功能楼层3层；3号楼15 133m²，功能楼层3层；装饰总建筑面积为51 070m²。

北外滩世界会客厅综合改造提升工程项目创建了融合历史建筑外立面复原技术、室内功能升级全装配精致建造技术、数字化辅助建造技术的大型公共历史建筑装配化与数字化协同建造关键技术体系。

1

2

3

1—宴会厅——精致苏绣自动
张紧软包饰面结构；
2—会见厅——装配式隔墙
系统；
3—展厅通道——原铸铁柱重
新装配，木饰面主题抹灰技术

3.2　国家会展中心（上海）

　　国家会展中心（上海）是集展览、会议、办公及商业服务等功能于一体的会展综合体，也是上海市的标志性建筑之一。国家会展中心（上海）是由中华人民共和国商务部和上海市人民政府于 2011 年共同决定合作共建的大型会展综合体项目，总投资约 160 亿元，由国家会展中心（上海）有限责任公司投资建设并运营。2020 年 1 月 6 日，入选 2019 上海新十大地标建筑。

1
2

1—迎宾厅——超高、超大装配式隔墙系统；
2—室外实景

国家会展中心位于上海市虹桥商务区核心区西部，与虹桥交通枢纽的直线距离仅1.5km，通过地铁与虹桥高铁站、虹桥机场紧密相连。场馆功能提升工作主要位于 WH 展厅，其总装修面积约 8 500m²。

1	
	2
	3

1、2—平行论坛——双曲金属吊顶整体装配；
3—会议大厅——大版块装配式隔墙、大跨度吊顶整体装配

3.3　新开发银行总部大楼

新开发银行是由"金砖五国"发起创立的政府间国际金融组织，也是全球首个总部落户上海的同类国际组织。其总部大楼位于上海世博园片区，占地约 12 000m²，总建筑面积约 127 000m²，是一幢可满足 2 500 人同时使用的高端金融综合办公大楼。

新开发银行总部大楼由上海建工集团总承包，室内装饰工程由上海建工装饰集团承建。引入"工业化、数字化"两化融合建造理念，通过前期技术方案策划及过程中的技术方案落地保证项目能够顺利通过中国绿色三星建筑和中国健康三星建筑认证。新开发银行大堂的整体造型概念起源于具有艺术感染力的形体转变，向上升起的设计语言隐喻着生机勃勃的活力。运用平衡的视角，体现出统一与包容的精神。

<table>
<tr><td>1</td><td></td></tr>
<tr><td></td><td>2</td></tr>
</table>

1—外景；
2—大堂——墙顶一体化石材整体装配

1、2—大堂——墙顶一体化石材整体装配；
3—宴会厅

1	2	3
	4	

1、2—董事长会议室——异型大喇叭口金属吊顶装配；
3、4—办公室

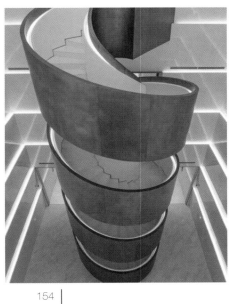

1	2	
	3	5
4		

1—接待室；

2—休息区；

3、4、5—超高挑空旋转楼梯

3.4　上海博物馆东馆

　　上海博物馆东馆是"十三五"时期上海市建设的重大文化项目，位于浦东新区丁香路世纪大道交汇处，占地面积 4.6hm^2，拥有地上建筑 6 层，地下 2 层。建成后，将成为一个集中国古代艺术收藏展示、古代文化教育、古代文化研究与交流及公众休闲娱乐的开放性公共平台。不但能大大提升上海博物馆文物收藏的展出比例，提供更好的公共文化服务，也能与周边的上海科技馆、东方艺术中心、上海图书馆东馆、世纪公园等文化设施形成集群效应，成为花木行政文化中心的重要组成部分。上海建工装饰集团该项目公共区域装饰部分的施工。施工总面积达到：43 000m^2。

1	2
3	

1、2—公共空间——大面积、石材单元化装配；
3—大 VIP 会议室——装配式隔墙系统

1—小 VIP 会议室——装配式隔墙系统；
2—中 VIP 会议室——装配式隔墙系统

3.5 上海图书馆东馆

上图东馆坐落于迎春路、合欢路、锦绣路与世纪大道围合的城市森林里，建筑面积 11.5 万 m²，由上海建工装饰集团承担馆内精装修工程，精装修面积 8.1 万 m²，地上 7 层，地下 2 层，是国内单体建筑面积最大的图书馆，与淮海中路馆一馆两体，合璧东西。

1—中庭空间——大面积金属饰面装配；
2—上海图书馆东馆——大面积金属饰面装配

　　图书馆内部，垂直错落的开放式阅览空间围绕着一个大型中庭及四个侧中庭布局。空间层层叠退，饰面由长达约 100 000m 的木格栅方通包覆，方通背部采用穿孔率 26% 的背板保证整体空间吸声效果。

| 1 | 2 |
| | 3 |

1—中庭空间——大面积金属饰面装配；
2—通道区——大面积金属饰面装配；
3—大堂公共区——大面积金属饰面装配

1	2

3	4	5	6

1—通道区；　　4—休息区；
2—公共阅读区；　5—通道；
3—扶梯；　　　　6—楼梯

1—7F 贵宾接待厅；
2—休息区；
3—公共阅读区；
4、5、6—地下一层大报告厅；
7—虚拟演播厅；
8—培训教室

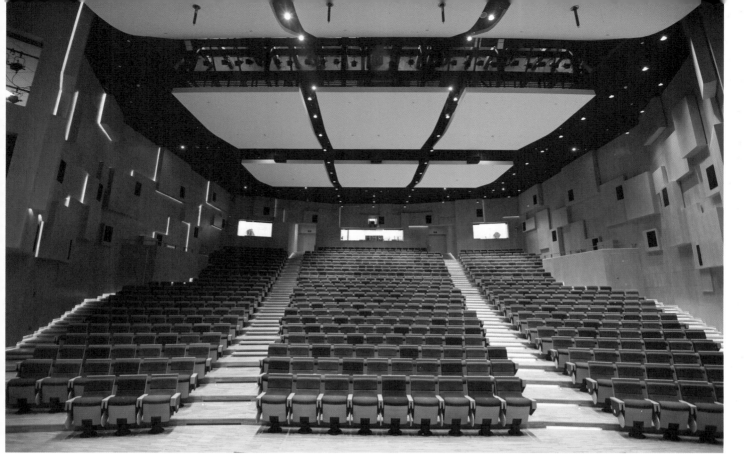

3.6　九棵树（上海）未来艺术中心

　　九棵树（上海）未来艺术中心，又名"九棵树"。位于上海奉贤金海湖中央生态林地核心位置。艺术中心以"创意开发、跨界融合"为理念，借助森林环拱，将 1 200 人大剧场、500 人组合剧场、300 人雨滴剧场三个剧场融合为一座与自然对话、与水绿交融的艺术殿堂，是上海乃至杭州湾北岸地区的一处文化艺术高地。

　　九棵树（未来）艺术中心的标志性特点是其具有大量的大空间多材料异形曲面造型。项目存在室内精装空间复杂、材料形式多样、传统施工方法无法保证项目实施精确与高效性、剧场类项目要求高、参与方多、协同工作内容复杂等难题。为了保证项目实施的精确与高效性，项目全阶段采用以 BIM 模型为基础的数字化建造技术。

1	
	2

1—室外全景；
2—公共空间——异型 GRG 饰面、木饰面单元化装配

1、2—公共空间；
3—公共空间——异型 GRG 饰面、木饰面单元化装配

1		4	
2	3	5	

1、2—1 200 人剧场；

3—500 人组合剧场；

4、5—300 人雨滴剧场

3.7　长三角路演中心

　　长三角路演中心位于上海市金山区枫泾镇，主园区由 12 幢老厂房改造而成。这里曾是宋代的驿站、明代的砖窑、新中国成立后的上海第七印绸厂老工业基地，总建筑 1.5 万 m²。上海第七印绸厂虽是一个生产真丝印花绸的简陋厂房，但其产品曾远达欧美大陆，广受赞誉。伴随着时代的发展，这片土地开始寻求它新的定位。

　　上海建工装饰集团承担了路演中心建筑的围护结构、二结构、外立面装饰幕墙及室内装饰、二次机电等场区内较大部分的施工任务。在建造的过程中，我们尝试以工业印记为载体、江南水乡为印记，努力打造出一个多元化、多功能的科技时尚路演中心。

　　已建成的路演中心整体建筑磅礴大气，白色基底、红砖黛瓦、绿意为主的整体设计，生动地打造了一个欣欣向荣的现代化新中心。

1	3
2	

1、2、3—室外实景

1	4
2	3	5

1、2、3—装配式仿红砖饰面；
4—公共空间；
5—演艺空间

1—室内通道；

2—旋转楼梯；

3—楼梯；

4—室内公共空间；

5—休息区

1—公共空间——大面积装配铝格栅；
2—旋转楼梯——GRG 飘带造型模拟反装配施工；
3—室外实景

3.8 上海国际舞蹈中心

在虹桥路 1674 号的旧址上，一座具有国际一流水准的艺术殿堂即将惊艳绽放，供上海舞蹈学院，上戏舞蹈学院、上海芭蕾舞团和上海歌舞团所用。原址中六幢老建筑将完好保存，与新建筑将形成人文历史与未来创新的结合；同时，舞蹈中心与延虹绿地连成一片，敞开式的中心区域形成文绿结合的景观。

上海建工装饰集团承担 2 号楼、3 号楼，包括大堂、观众厅、排演厅等核心区域，其中的亮点的景观是纵贯天顶、极具想象空间与象征意义的"飘带"旋转楼梯。聪明的工程师们运用"三维点云模型""BIM 模型""数控激光切割"等技术工艺，顺利攻克堪称"足尖上旋转"的重大技术课题，完美还原设计理念。

1

2

1—公共空间；

2—剧院——GRG 型形饰面装配

3.9 上海中心 J 酒店

上海中心 J 酒店位于中国第一高楼——上海中心大厦的高区，是目前世界上垂直高度最高的酒店，其最高楼层位于 120 层，超过 556m，酒店大堂位于 101 层，垂直高度约 470m，是一座名副其实的"空中酒店"。

1	
2	3

1—上海中心大厦外景；
2、3—酒店客房——大面积艺术软包隔墙单元化装配

　　上海中心大厦是集一幢集商务、办公、酒店、商业、娱乐、观光、会展等功能于一体的超高层综合体，上海中心 J 酒店拼上了大厦业态的"最后一块拼图"，完善了大厦配套功能，使得这座世界级地标在世人面前展现出全貌和风采。上海中心 J 酒店共有 165 间客房，位于上海中心大厦 86～98 层，共有 4 种房型，面积从 61～380m² 不等，相对于其他酒店来说，房间面积更大。酒店对民族品牌内涵的诠释，也通过酒店的装饰、艺术品等展现出来，石库门、玉兰花等上海元素被广泛运用，凸显了城市渊源；琉璃、珐琅、金箔镶嵌、大理石拼花等中国传统技艺的使用，蕴含着中华传统民族文化的积淀。

1—大堂；
2—中式餐厅

1		4	
		5	6
2	3		

1—行政套房；

2—走道；

3、4—公共区域；

5、6—103 层中式餐厅——艺术饰面单元装配

1		3
	2	

1—中庭——石材金属饰面；
2—建筑实景整体装配；
3—扶梯——镂空发光扶梯饰面装配

3.10　上海环贸广场

　　上海环贸广场坐落于淮海中路最繁盛的商业区，位于地铁 1 号线、10 号线、12 号线陕西南路站交汇处，街上红男绿女衣香鬓影，构成繁华都市的摩登映画。整个项目包括两座顶级办公楼、大型商场 iapm 及两幢地标公寓。

　　不规则曲线——每一个立面都以不规则的曲线来表达，波浪形天花与自动扶梯的冰菱纹将整个空间营造得异常独特。

　　多种材质穿插使用——借助金属制品、玻璃制品、人造石、亚克力等材料，将一个极富艺术感、现代感的综合商场展现出来。大面积人造石地台，与不锈钢嵌条组合在一起；47 根不规则方柱群，每根方柱都有独特的立面朝向和倾斜角度，错落有致，又如一根根柱子从楼板中穿过，与共享空间的超高柱遥相呼应。

1

2

1—公共空间；
2—室内中庭

3.11　上海浦东国际机场卫星厅

　　上海浦东国际机场卫星厅位于浦东机场 T1、T2 航站楼南侧，总建筑面积 62.2 万 m²。卫星厅由捷运系统与 T1、T2 航站楼无缝衔接，用于实现枢纽机场的中转功能，整体建筑呈"工"字形，分 S1 和 S2 两部分，两者间以连廊相连，能有效缓解浦东机场机位紧张的压力，年旅客吞吐量预计达到 8 000 万人次。

1—上海浦东国际机场外景；
2—装配式大吊顶

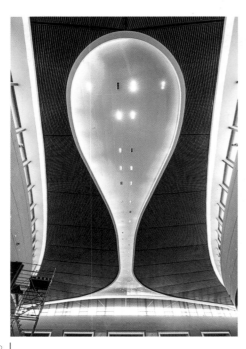

1		4
2		
3		

1、2、3、4—卫星厅整体装配吊顶

　　S1 卫星厅三角屋顶结构为复杂钢桁架结构，双曲面造型，采用蜂窝铝板和波纹铝板，颜色延续 T1 航站楼吊顶色彩，一脉相承。整个吊顶色彩鲜明、错落有致、美观大气，给人清爽舒适的感觉。S1 国际贵宾室亦融合了东西方经典装饰理念，兼收并蓄，独具特色。房间隔断采用传统屏风，同时加入现代金属边框元素，使得整体空间氛围有格调而不平淡。

1		3	4
		5	6
2		7	8

1—S1 国际贵宾室具有异域风格的艺术装置树；　　5—机场贵宾室；

2—S1 国际贵宾室通道背景墙；　　　　　　　　6—行李区；

3—S1 国际贵宾厅；　　　　　　　　　　　　　7—深度休息区；

4—S1 国内休息厅；　　　　　　　　　　　　　8—日上免税店

3.12　上音歌剧院

　　上音歌剧院坐落于汾阳路上海音乐学院，这是一座充满了时间与空间交织的建筑体，标新立异的外立面惹人驻足，著名歌唱家、上海音乐学院院长廖昌永称其为"梦开始的地方"。

　　作为上音歌剧院幕墙系统的施工单位，上海建工装饰集团充分发挥幕墙精致建造技术的专业优势，攻克了国内首次使用 UHPC 超高性能混凝土板作为幕墙面板的技术难题，圆满完成了 20 000 m² 幕墙施工作业，为打响"上海文化"品牌再添亮丽色彩。

　　基于数字化建造技术的综合运用，施工各区段的划分清晰、形象直观，能够对工程目标进行精细分解，合理安排施工。

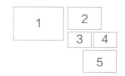

1、2—室外实景；
3、4、5—UHPC 新型幕墙

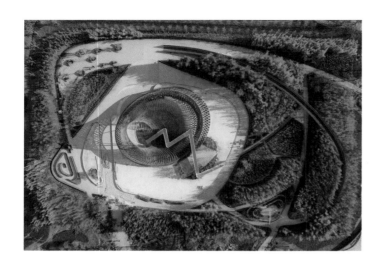

3.13 花博会竹藤馆

竹藤馆作为第十届中国花卉博览会三大主场馆之一，总建筑面积400m²，是花博园区三大永久场馆之一。以现代竹藤工艺建造，坐落于各种珍奇竹藤围合的竹园中。主要用于竹藤科技产品、艺术品和竹藤文化展示，同时融入手工匠人技艺现场展示。竹藤馆采用仿竹藤工程材料建设，充分展示最新竹藤技术产品和珍奇竹类，让游客深入了解竹藤文化。

该项目运用悬挑面钢管支撑，采用双曲面造型。竹钢作为该项目的主要装饰面材料，与索网编织一体，精度及建筑效果要求极高，复杂造型区域施工难度大，且项目工期紧。从工艺节点、工程设备以及安装方式三方面对钢结构索网结构竹钢装饰面施工的进行了研究。同时，运用以BIM模型为基础的数字化建造技术，形成一套完整的专项施工方案，为该项目节约了大量的人工、时间成本，提高了工程质量。

| 1 | | 2 | 3 |
| 4 | 5 | | |

1—鸟瞰图；

2—建筑实景；

3—结构细部图；

4、5—通道

3.14　南岛会议中心

　　南岛会议中心坐落于滴水湖南岛之上，周边有近 5 万 m^2 的花园绿地环绕，临湖亲水，景致迷人。南岛会议中心是上海自贸区临港新片区内重要的多功能复合型会议场馆，由上海建工装饰集团承担其室内装饰及外幕墙工程，其中室内装饰施工面积 5 870m^2，幕墙施工面积约 12 000m^2。

从百米高空向下俯瞰，南岛会议中心树叶状的外立面幕墙茎状纹理清晰可见，呈现出树叶随风飘动的动态曲线。这片巨大"叶子"最高处达 18.15m，挑檐挑出距离最长处足有 11m，且横竖向坡度、斜率均不同。工程技术人员运用数字化建造技术对这一异形双曲造型进行三维建模，完成点位确认，顺利实现"叶子"的分区段整体吊装拼装。前、后厅梁柱的特色饰面是南岛会议中心的一大亮点。考虑到透明玻璃幕墙内外和谐统一的设计需求，室内梁柱造型与外立面梁柱造型一脉相承，呈现出树干茁壮、枝繁茂的自然之态。

1	3
2	

1、2—建筑外部实景；
3—室内树叶造型幕墙

<table>
<tr><td>1</td><td>2</td></tr>
<tr><td>3</td></tr>
</table>

1、2、3—会议中心——大面积迭级吊顶装配；
4—前后厅梁柱

1

2

1、2—二层贵宾室

建筑外部实景

3.15 崇明体育中心

上海崇明体育训练基地是上海市建筑体量最大的体育训练基地，这里不仅承载着上海竞技体育的未来，也肩负着为国家奥运战略培养人才的重任。装饰上海建工装饰集团承建了崇明体育训练基地 1 号楼（国家队）运动员公寓功能提升项目，该项目为设计施工一体化 EPC 总承包项目，由上海建工装饰集团设计院设计、第三工程公司施工，总施工面积 15 554m^2。

　　上海建工装饰集团助力崇明体育训练基地成为集训练、科研、医疗、教育、比赛为一体的高科技、多功能、现代化国家级体育训练基地，为我国竞技体育事业发展再添基石。

1—公共区域；
2—大堂；
3—休息区

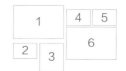

1、2、3—中庭；
4—3 层电梯厅；
5—地下 1 层 VIP 接待室；
6—标准层 3 ~ 9 层走道活动区

1　1—5～6层高大运动员大床房；

2　3　2—3～9层标准客房；

4　5　3—套房——客厅；

4—套房——卧室；

5—通道

浦东城市规划和公共艺术中心 3F 会场

3.16　上海浦东城市规划和公共艺术中心

　　上海浦东城市规划和公共艺术中心是集城市规划、城市设计、城市公共艺术展览等多种功能于一体的建筑，外部采用高透光度的 CCF 内循环双侧玻璃幕墙，整体造型酷似一座独特的"水晶盒子"。上海建工装饰集团承担场馆的精装修工程，包括地上 1 ~ 4 层公共区域及功能性房间、地下 1 ~ 2 层电梯厅前室、餐厅等的装饰、电气、给排水及采暖工程，总施工面积 25 600 m²。上海建工装饰集团打造精品装饰工程，助力浦东城市规划和公共艺术中心成为展示浦东 30 年开发开放成果、推广公共艺术文化的重要场馆。

| 1 | | 3 |
| 2 | | 4 |

1—预制大尺寸水磨石地面；
2—建筑外部实景；
3、4—多功能厅

| 1 | 2 | 3 |
| | | 4 |

1、2—螺旋式主楼梯；

3—接待区；

4—走道展示区

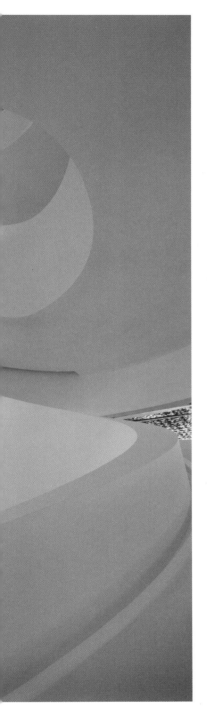

3.17　赣商国际广场

　　赣商国际广场位于上海五角场商圈新升级版图的中心，跨闸殷路、三门路、淞沪路交会，交通便捷。作为逾 16 万 m² 的大型商业综合体，赣商国际广场融合了商务办公、酒店公寓、商业零售等多种业态。广场主体商业建筑分 A、B 两大区域，内部集中设置多种公共服务设施，包括购物、餐饮、健身、娱乐、停车等公共服务功能。

1		3	4
2		5	6

1—公共区域——大面积金属饰面单元配置；
2—外景；
3—卫生间休息区；
4—电梯厅；
5、6—公共区域——大面积金属饰面单元配置

　　商场整体采用符合顶尖环保技术标准的节能、环保材料，通过自然的装饰，打造更亲近宜人的室内商业环境。以新旧时光的传承交互为主题，在视觉上打造了多重碰撞亮点。新与旧的碰撞，自然与工业的碰撞，细腻与粗糙的碰撞，形成室内空间独树一帜的装饰风格。二层三层通过连廊相互连接，异型曲面的穿孔铝板与造型独特的木纹方通，搭配墙面的 V 型铝板，使得连廊区域线条明动，充满科技感。

3.18　中国太平洋保险大厦

中国太平洋保险大厦坐落于上海市黄浦滨江 594 地块，地上 15 层、地下 3 层，总建筑面积 45 500m²，由上海建工装饰集团进行装饰总承包施工。

一层大堂墙面选用整根长 7m 的香槟金色阳极氧化铝板制作风帆造型，与顶面大板幅银色阳极氧化铝板相呼应。排版遵循顶面设备带、地面意大利木纹石材与幕墙立柱对应的方式，彰显磅礴之势。电梯厅墙面采用浅咖啡色烤漆玻璃，配合顶面的阳极氧化铝

1		3	4
2		5	6

1—大堂；
2—展示区；
3—入口；
4、5—电梯厅；
6—开放式办公区域

板及石材镜面，在自然光及灯光的映射下熠熠生辉，让人感觉眼前一亮。十八层多功能厅，可做分合两用，顶面异形铝方通凸显 CPIC 缩写，是重要签约仪式的举办场地。装饰上海建工装饰集团秉承匠心精神，精准对接客户需求，通过独具匠心的建造手法打造出时尚健康的办公环境。

1		5	6
2	3	7	
4			

1、2—18 层多功能厅；
3—6 层会议层；
4—办公区；
5—会议室；
6、7—公共空间

3.19　华为旗舰店

　　坐落于"中华商业第一街"南京东路的南京大楼经过全面改造，以华为全球最大旗舰店的身份华丽亮相街头。作为民族品牌华为的技术秀场和理念学堂，来自全球的消费者都能在其历史底蕴中感受万物互联的全场景、智慧化的超现实未来体验。

　　这处标志着智慧时代的城市共享空间面积近 5 000m²，由上海建工装饰集团负责室内精装修、机电安装及外立面重点保护区域的修缮工程。上海建工装饰集团秉承"精心保护、整体修缮、合理利用、全面提升"的理念，在保留南京大楼外立面历史风貌特色的同时，对空间内部进行了充分延展，巧妙寻求历史内涵与未来科技之间平衡点，打造独具温度的"城市客厅"。

1	
	2

1—室内空间——装配式金属饰面；
2—室外实景

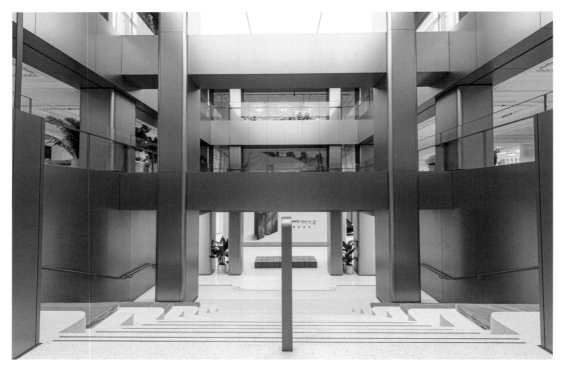

1
2

1、2—室内空间

　　旗舰店室内采用香槟金色金属板、浅米色水磨石为主材基调，寓意海派文化特色和华为产品元件特征，创造出一个大气惬意的展示场所，增强客户良好流畅的体验感。整体装饰以华为精神为载体，衔接历史与未来，将华为民族品牌形象与历史特色风貌完美融合，充分展现出上海的海派文化魅力和华为的品牌价值内涵。

3.20　长三角一体化绿色科技示范楼

　　长三角一体化绿色科技示范楼项目位于上海市普陀区桃浦智创城东拓区生态绿廊核心区域，是上海建工上海建工装饰集团全产业链打造的集投资、策划、设计、施工、运维于一体的项目，总建筑面积 11 509m²。

1
2

1—整体效果图；
2—大堂

　　该项目计划实现零碳、零能耗、零水耗、零废弃、零甲醛的"5个零"绿色碳中和建筑目标。零碳即通过可再生能源和植物产生的碳汇中和建造运营阶段碳排放，实现全生命周期零碳；零能耗即可再生能源的产电量等于建筑的用电量，实现市政电网净零能耗；零水耗即雨水收集量等于市政管网取水量；零废弃即场地内现场消纳产生的干垃圾与湿垃圾；零甲醛即优化建筑选材和室内空气品质控制。项目在确保达到中国绿色建筑评价标准三星、中国健康建筑评价标准三星、中国近零能耗建筑技术标准、美国绿色建筑 LEED 评价标准铂金级、美国健康建筑 WELL 评价标准铂金级以及英国绿色建筑 BREEAM 评价标准杰出等级的基础上，力争获得六大绿色认证体系的最高分和最高要求，建成后将成为世界一流的绿色建筑示范工程。

1	2	3	4
		5	
	6	7	

1—中庭；　　　　　5—大堂；

2—餐厅；　　　　　6—共享休闲空间效果图；

3—大会议室；　　　7—健身房效果图

4—开敞办公空间；

3.21 北京大兴机场新航站楼

北京大兴国际机场位于中国北京市大兴区榆垡镇、礼贤镇和河北省廊坊市广阳区之间，为 4F 级国际机场、世界级航空枢纽、国家发展新动力源。北京新机场航站楼是目前世界上唯一的一座双进双出航站楼。航站区由航站楼、换乘中心和综合服务楼、停车楼及轨道交通土建工程四部分组成，总建筑面积 143 万 m²，是目前世界上单体最大的机场航站楼。

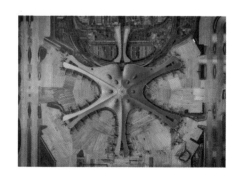

1—室内公共空间；
2—室外实景

1、2一全装配金属吊顶；
3一室内公共空间；
4一公共空间

	1	
2	3	4

1	3	4
2		

1、2—外景;
3—展馆 A 区为办公楼;
4—屋面绿植系统

3.22　江苏园博园

　　江苏园博园位于南京市江宁区汤山街道，地处南京郊区，主展馆前身是一片 70 年代的水泥厂区，上海建工装饰集团以修复生态、织补城市功能为理念，以创造绿色美好的城市新型公共绿化空间为目标，采用"轻介入"的外立面设计，打造出一座绿意盎然的现代园艺展馆，使荒没的厂房重获新生，在世纪更迭中完成工业遗存的历史蜕变。

　　江苏园博园幕墙项目通过幕墙与自然环境的融合，植入功能，突出"再生"，打造集展陈展示、办公会议、休闲服务为一体的绿色现代化园艺展馆。立面的玻璃幕墙采用竖明横隐的系统形式，玻璃板块均匀且简洁通透，在屋顶及立面绿植的映衬下，整个建筑迸发出工业与自然的和谐之美。屋面绿植系统采用长型盆栽形式，通过拥有专利技术的铝合金连接件有效固定于直立锁边屋面上。屋顶绿化及立面垂直绿化系统与绿植滴灌技术紧密结合，植物能充分得到阳光与水分滋养，使整座建筑充满生机。

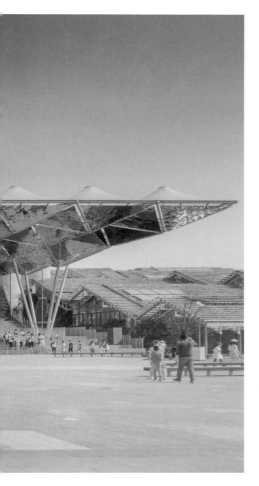

1	3
	4

2

1—园博园主入口广场——艺术幕墙；
2—园博园的主展厅——艺术幕墙；
3—园博园主入口广场金属屋盖；
4—开放式广场——绿植幕墙

1—室内夯土墙饰面；
2—夜景

3.23　南京傲图格酒店

傲途格酒店作为高端精品酒店之一入驻江苏省第十一届园艺博览会。园博园位于南京江宁区汤山旅游度假区北部，东至圣湖东路，西至阳山碑材，北至圣湖西路，南至黄龙山脉北麓，总用地面积约为 3.38km²，核心展园面积 2.2km²。是南京集全市之力重点打造的紫东地区文旅产业开篇之作，打造"永不落幕"和"永远盛开"的南京花园。傲途格酒店所在地的前身为有着近百年历史的江苏最老的水泥厂：昆元白水泥厂和银佳白水泥厂。酒店建筑是混凝土加钢架结构的多层公共建筑，分为地下 1 层，地上 4 层，建筑耐火等级为二级，同时与保留改造建筑筒仓相结合。总用地总面积：77 341.73m²，总建筑面积为 52 374m²，其中地上建筑面积：45 633m²；地下建筑面积：6 741m²；建筑容积率：0.59；建筑密度：29%。酒店毗邻城市展园而建，结合自然山体地貌，东西两部分坐落在不同的水平高度上，水平高差 5m，形成大堂开敞居中，公区、客房环绕的整体布局。

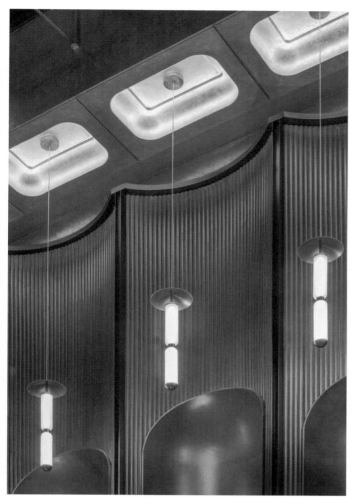

| 1 | | 3 | 4 |
| 2 | | 5 | |

1—大堂——室内夯土墙饰面；

2—大堂吧——装配式艺术饰面；

3—大堂局部复杂木饰面造型；

4—大堂室内夯土墙；

5—宴会厅前厅

3.24　杭州金华亚运分村

　　金华亚运分村为杭州亚运会的分会场，位于金华市多湖中央商务区南部。经过 400 多天的精心设计、用心雕琢，由上海建工装饰集团承担的杭州亚运会金华亚运分村装饰工程圆满交付，以现代装饰理念完美呈现江南园林神韵。亚运分村分布为前庭后园，总建筑面积 9.5 万 m²，装饰总建筑面积 6.6 万 m²，包含运动员村公共区、会议厅、餐厅、客房、康体娱乐、办公后勤、地下室等区域。

　　金华亚运分村具有多空间功能与设计效果需求，院落式客房区、丰富的健身娱乐区、温馨的亲子儿童区、多功能大会议区、高挑大空间的大堂等。饰面形式多、产品加工、

1—大会议门厅；
2—金华亚运分村整体鸟瞰图

安装、多专业协同要求高，装饰上海建工装饰集团采用"标准化产品批量化定制""个性化产品模块化定制"的并行策略。项目充分呈现"让建筑融入自然、人与自然和谐共生"的意境，凸显建筑独特气质与环境舒适度，形成一片粉墙黛瓦、杨柳依依的江南传统园林式建筑群，荷风自来、湖山望月、凌波照影、水木明瑟、云渚飞瀑、南山秋色、云栖茶坞、丹溪竹径等景色相映成趣。

1
2	3

1—公共区大堂；
2—宴会门厅；
3—亚运分村前庭

3.25　成都天府国际机场

　　成都天府国际机场位于成都高新东区简阳芦葭镇，项目总投资 718.6 亿元，是我国"十三五"期间建设的最大的机场项目，对于推动成渝地区双城经济圈建设和再造一个"产业成都"具有重要支撑意义。上海建工装饰集团第三工程公司承担了成都天府国际机场航站区精装修工程十标段的建设任务。

| 1 |
| 2 |

1—外部实景；
2—建筑全景图

　　十标段装饰施工主要包括 T2 航站楼 L2 层 B 指廊以及 L2、L3 层综合商业区，施工面积约 3.7 万 m²。航站楼大厅中央吊有 LED 透明屏幕，每块屏长约 13.5m、高 3.8m、厚度小于 70mm，呈三角环绕。LED 透明屏幕箱体龙骨铝型材最大宽度小于 65mm，创下业内施工难度之最。L2 层 B 指廊大面积曲面装饰施工全程应用了数字化建造技术，并使用无脚手反吊技术进行吊顶铝板安装。地面采用芭拉白石材大面积无缝拼贴，整体空间宽敞透亮。

| 1 | 2 |
| | 3 |

1—机场大厅——环形 LED 屏面;
2、3—机场大厅——装配式铝板吊顶

1　4

2　3　5

1、2—等候区；
3—幕墙；
4—通道；
5—公区卫生间

3.26　青神竹艺中心

　　青神国际竹艺中心位于国家级非物质文化遗产"竹编艺术之乡"的四川省眉山市青神县，是由上海建工装饰集团伟伦设计公司、成渝区域公司、第六工程公司、幕墙工程公司等共同承担的 EPC 总承包模式的代表项目。

　　该项目作为举办的国际（眉山）竹产业交易博览会的主会场，采用匠心独具的建筑设计手法，打造具有地域特色的现代化艺术中心，建筑内容主要包含交易博览馆、竹文化互动体验中心和会议中心，总建筑面积 6 350m²。整个建设工期仅为 170d，囊括了设计、采购、施工等各个环节，是对总承包单位整体作战能力的一次新的考验。

1	2
3	

1、2—中庭——装配式竹饰面；
3—外部实景——竹木效果镂空幕墙

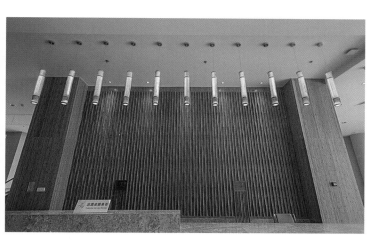

　　该项目建筑形式为三层钢混框架结构，以"竹"为装饰元素，外墙采用铝合金仿竹编维护结构，形似"竹篮"，室内装修更是体现"竹"的设计元素，具有鲜活的巴蜀地域特色。设计理念亮点为设计中充分考虑了竹元素和东方文化概念的融入，解析了青神竹的精神、结构、造型、颜色，并将其渗透到室内空间。

1	3	4
2		5

1—入口大厅背景墙——装配式仿石饰面；　　4—会议室——大面积竹木饰面隔墙；
2—真竹扶手栏杆；　　　　　　　　　　　　5—室内幕墙结构
3—招待台——装配式竹饰面；

3.27　西湖大学

西湖大学（Westlake University），位于浙江省杭州市，是一所由社会力量举办、国家重点支持的非营利性的新型高等学校，由杭州市西湖教育基金会举办。

考虑到西湖大学是一所专注于尖端前沿科技研究的院校，建成之后其各个空间的使用功能必将伴随着科技的不断进步发展而不断生长变化。建工作为3年建设期和17年运维期的建筑服务商，我们在进行局部装配式装饰方案的个性化定制时，致力于实现以下几点：

一是极具个性的定制产品。通过可变式隔墙体系、模块化墙面、地面、顶面与机电配套系统灵活组合，确保建筑内的装饰部品部件，可以通过无损拆卸与微损更新的方式，循环利用，快速形成全新的功能空间。

二是极高品质的绿色产品。通过资源整合、合作开发各类新型人造合成材料和天然表皮复合材料，实现更高性能参数、更加环保健康的绿色装饰部品部件。

三是极具智能的场景体验。通过植入各类过去只在展览展示空间中才会使用的声光电等展陈设备与技术手段，打造虚实结合的数字化场景，实现人与空间互动的人性化智能体验。

<table>
<tr><td>1</td></tr>
<tr><td>2</td></tr>
</table>

1—西湖大学总体效果；
2—学术交流中心公共空间

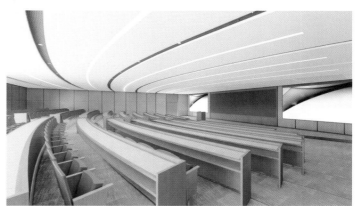

1、2—学术环公共走道；

3—学术环实验室；

4—学术会堂公共走廊；

5—学术环实验室；

6—学术环报告厅

3.28 西藏定日机场

西藏定日机场项目位于定日县以西，岗嘎镇以东的扎果乡梅木村附近，距定日县直线距离约 33km，距岗嘎镇 18km，距珠峰路入口 27km，整个装修部位由航站楼、业务综合楼 2 个建筑单体组成。本项目设计以"雪域雄鹰"为灵感来源选取藏族中象征勇敢、力量和坚韧的雪域雄鹰图腾作为创作灵感，掀起的屋盖象征着高昂的鹰首，与珠峰遥相呼应，表达对自然的敬畏、对神女峰的向往。通过珠峰脚下机场形象打造，向世界展现新时代西藏人民苍劲、坚韧、腾飞的气质。

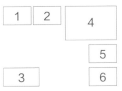

1	2	4
		5
3		6

1—业务综合楼鸟瞰效果；
2—定日机场项目总体效果；
3—航站楼总体效果；
4—航站楼进出港平台室内效果——模块化吊顶，全装配墙饰面；
5、6—航站楼迎客厅室内效果——模块化吊顶，全装配墙饰面

3.29 宁夏沙漠钻石酒店

宁夏沙漠钻石酒店位于中卫沙坡头景区沙漠区 8km 的腾格里沙漠深处，距离中卫沙坡头机场 20km、距离高铁中卫南站 30km，沙漠星星酒店位于海拔 1 430m，北纬 37° 的

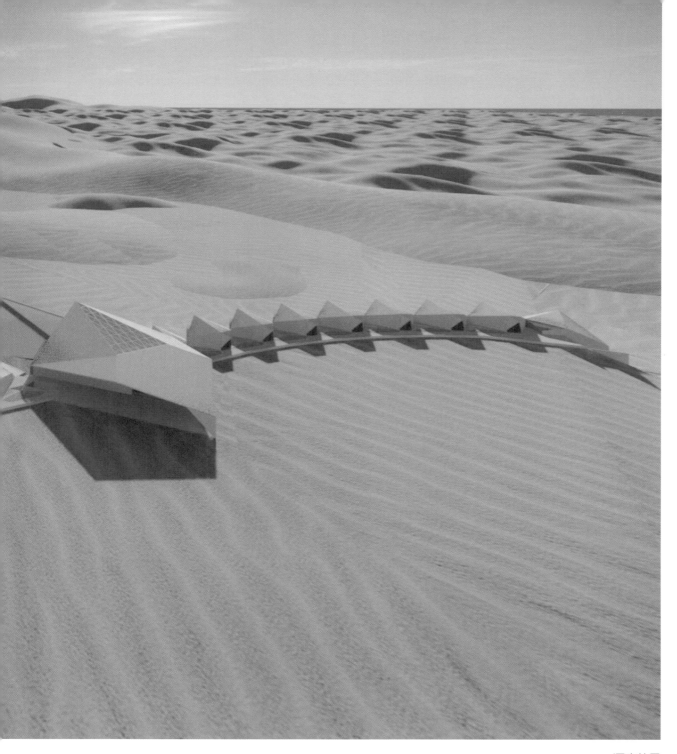

酒店外景

沙漠深处，全年晴朗天气超过 300 天，又因地处沙漠深处，远离城市，所以酒店周围没有任何光污染，极适宜观星，被称为观星圣地。是宁夏"星星的故乡"品牌 IP 下率先投运的景区复合型休闲度假产品，具有各类高端客房 180 间。

1F 睡眠/休闲区

效果图　　　Rendering

1F 睡眠/休闲区

效果图　　　Rendering

1F 盥洗区
效果图　　　Rendering

1F 会客区/衣帽区
效果图　　　Rendering

| 1 | 3 |
| 2 | 4 |

1、2—酒店室内睡眠 / 休闲区效果；
3—酒店室内洗漱区效果；
4—酒店室内会客区 / 衣帽区效果

3.30 江南布衣总部园区

    江南布衣总部园区坐落于杭州市西湖区文新单元，是普利兹克奖得主伦佐·皮亚诺在中国承接的第一个项目，并由中国服装品牌江南布衣与建筑设计机构 goa 大象设计共同出资建设。园区紧邻国家湿地公园——西溪湿地，占地面积 43 395m²，总建筑面积 23.4 万 m²，地下 3 层，地上共 17 幢 7~11 层单体建筑，通过连廊连接，形成了一个围合式的建筑群。整个园区集商业、办公、美术馆、秀场等于一体，办公园区设中央绿化花园、生态种植立面、屋顶茶园等绿化系统，建成后将成为一座具有城市地标意义的综合性的艺术园区，同时也是世界级绿色建筑典范。上海建工装饰集团承建了慧展科技 AC 标段办公楼精装修部分，施工区域总面积为：45 000m²。

1—工业化风格办公空间；
2—电梯厅实景图——装配式喷沙不锈钢；
3—走道实景图——装配式喷沙不锈钢；
4—全装配式钢楼梯

参考文献

［1］刘鹤．必须实现高质量发展［N］.人民日报,2021-11-24(6)［2022-12-29］.

［2］王志刚．碳达峰碳中和要加快构建科技创新支撑体系［J］.设备管理与维修,2021(13):8.

［3］刘仁厚,杨洋,丁明磊,等．"双碳"目标下我国绿色低碳技术体系构建及创新路径研究［J］.广西社会科学,2022(4):8-15.

［4］李张怡,刘金硕．"双碳"目标下绿色建筑发展和对策研究［J］.西南金融,2021(10):55-66.

［5］郑刚强．室内装饰工程集成装配化研究［J］.武汉理工大学学报,2001,23(1):40-43.

［6］住房和城乡建设部科技与产业化发展中心．中国装配式建筑发展报告(2017)［M］.北京:中国建筑工业化出版社,2017.

［7］刘椰宏．装饰工程装配化施工探讨［J］.科技风,2009,22:115.

［8］"碳中和""碳达峰"来了［N］.金融投资报,2021-3-13(2)［2022-12-29］.

［9］付甜甜,滕学荣．建筑装饰行业工业化道路研究［J］.设计,2016(11):80-82.

［10］魏素巍,曹彬,潘峰．适合中国国情的SI住宅干式内装技术的探索——海尔家居内装装配化技术研究［J］.建筑学报,2014(7):47-49.

［11］虞晓磊,王秀芳．建筑装饰行业工业化发展的研究与分析［J］.建筑技术开发,2018,45(4):1-2.

［12］张海燕．现代住宅装配式装修设计的分析与研究［D］.南京:南京林业大学.2012.

［13］郑树洪．建筑工程中装饰施工工业化进程的探讨［J］.广东科技,2007(15):55-56.

［14］住房和城乡建设部科技与产业化发展中心．中国装配式建筑发展报告(2017)［M］.北京:中国建筑工业化出版社,2017.

［15］住房和城乡建设部住宅产业化促进中心．大力推广装配式建筑必读制度·政策·国内外发展［M］.北京:中国建筑工业出版社,2016.

［16］住房和城乡建设部.住房和城乡建设部关于印发"十四五"建筑业发展规划的通知［N］.中国建设报,2022-1-19(11)［2022-12-29］.

［17］国新网．国务院办公厅发布《关于大力发展装配式建筑的指导意见》［J］.中国建筑金属结构,2016,11(11):18.

［18］中国建筑标准设计研究院．装配式混凝土建筑技术标准:GB/T 51231—2016［S］.北京:中国建筑工业出版社,2016.

［19］中国建筑设计研究院．住宅设计规范:GB 50096—2011［S］.北京:中国建筑工业出版社,2011.

［20］中国建筑科学研究院．民用建筑隔声设计规范:GB 50118—2010［S］.北京:中国建筑工业出版社,2010.

［21］阮翔云．绿色经济理念下建筑经济可持续发展探讨［J］.技术与市场,2021,28(6):185-186.

［22］姜中桥,梁浩,李宏军,等．我国绿色建筑发展现状、问题与建议［J］.建设科技,2019(20):7-10.

［23］孙鸣春．全寿命周期成本理念下绿色建筑经济效益分析［J］.城市发展研究,2015(9):25-28.

［24］柴径阳,黄蓓佳．绿色建筑增量成本构成及其影响因素研究［J］.建筑经济,2015,36(5):91-95.

［25］秦旋,王敏,刘艳刚．制约发展绿色建筑的障碍因素研究［J］.华侨大学学报:哲学社会科学版,2015(1):48-56.

［26］张建国,谷立静．我国绿色建筑发展现状、挑战及政策建议［J］.中国能源,2012,34(12):19-24.

［27］隋红红．推动我国绿色建筑发展的政策法规研究［D］.北京:北京交通大学,2012.

［28］曹申,董聪．绿色建筑成本效益评价研究［J］.建筑经济,2010(1):54-57.

附 录
Appendix

近三年工业智造领域成果

一、国家级、省部级、企业级相关科技与工程荣誉

		2019 年	
工程类	国家级	2019 年度中国建设工程鲁班奖	上海建工浦江皇冠假日酒店
			中国上海陆家嘴金控大厦
			三亚海棠湾亚特兰蒂斯酒店项目（一期）
		2019 年度国家优质工程奖	中渝国际都会（4# 地块）项目 4—1 大商业工程
		2019 年度中国建筑工程装饰奖	中国海运大厦
			虹桥宾馆实施大堂、餐厅、公共区域及客房改造项目
			新江湾城 24-8 幕墙工程
	省部级	上海市建设工程优秀项目管理成果	一等奖　上海国际舞蹈中心建设室内装修工程
			一等奖　上海第一八佰伴改造项目
			二等奖　港珠澳大桥澳门口岸管理区项目旅检大楼精装修工程
			三等奖　中国海运大厦精装修项目
			三等奖　无锡灵山胜境五期建筑耿湾禅意小镇精装修工程
			三等奖　国家会展中心场馆功能提升工程
			三等奖　长三角路演中心装修项目
		上海市"申安杯"优质工程	百联曲阳购物中心
		"上海市既有建筑绿色更新改造评定"奖	第一百货商业中心项目
科技类	国家级	全国建筑装饰行业科技示范工程	第一百货商业中心
		全国建筑装饰行业科技创新成果	《虹桥机场 T1 航站楼（大面积造型铝格栅装饰墙面连接系统）》
		中国建筑装饰协会首届 BIM 大赛	一等奖　九棵树（上海）未来艺术中心数字化建造技术应用
			二等奖　中国首届进口博览会国家会展中心功能提升项目装饰全装配化技术应用
			二等奖　北京大兴国际机场航站楼装饰工程数字化建造技术应用
		第十届全国创新杯 BIM 应用大赛 装饰装修类 BIM 应用	二等奖《中国进口博览会场馆全装配化数字施工技术应用》
	省部级	上海市科技进步奖	二等奖　　大型公共建筑的异型复杂饰面装配化绿色建造关键技术与工程应用（主持）
			二等奖　大型公共建筑不间断运营改建关键技术
			二等奖　历史建筑保护性修缮与结构性能提升施工关键技术
		上海市土木工程科技进步奖	一等奖《基于精度控制、快速拼装与智慧物流的工业化建造关键技术》（参与）

（续表）

2019 年		
科技类	省部级	上海市第二届 BIM 技术应用创新大赛	优秀奖 中国首届进口博览会国家会展中心功能提升项目装饰全装配化技术应用

科技类	省部级	上海市第二届 BIM 技术应用创新大赛	优秀奖 中国首届进口博览会国家会展中心功能提升项目装饰全装配化技术应用
			佳作奖 BIM 技术在九棵树（上海）未来艺术中心装饰工程中的应用
		上海市高新技术成果转化项目	《基于精致建造技术的大跨空间建筑装配式桁架系统》
			《基于装配式建造技术的防开裂隔墙系统》
		上海市浦东新区科技进步奖	三等奖 大型公共建筑不间断运营改建关键技术（参与）
	企业级	上海建工集团科技进步奖	二等奖 大型场馆室内可循环空间改造和功能提升全装配绿色施工技术研究（主持）
			二等奖 全浮结构歌剧院关键建造技术（参与）
			二等奖 绿色科技住宅工程建设集成技术研究与工程示范（参与）
2020 年			
工程类	国家级	中国建设工程鲁班奖	上海浦东国际机场三期扩建工程 - 卫星厅
			北京新机场工程（航站楼及换乘中心、停车场）
		中国建筑工程装饰奖	兴业银行上海陆家嘴大楼二次精装修工程
			赣商国际广场项目 A、B 区裙房精装修工程
			国家会展中心场馆功能提升工程
			深圳市平安金融中心南塔项目 L42-44 酒店套房区（含地下室后勤区）精装修专业分包工程
			北京新机场工程（航站楼及换乘中心）精装修十标段
			新江湾城 24-9 地块商办项目幕墙（含外门窗）工程
	省部级	上海市建设工程白玉兰奖	复兴地块办公用房项目（D 楼）
			复兴地块办公用房项目（A 楼）
			滴水湖南岛会议中心项目
			上海中心大厦 J 酒店室内装修工程
			中国上海市华润时代广场精装修专业分包一标段
			黄浦江沿岸 E10 单元 E04-4 地块 1 号楼
			徐家汇体育公园东亚大厦外立面改造项目
			上音歌剧院
		上海市建筑装饰工程优秀项目	兴业银行上海陆家嘴大楼二次精装修工程
			赣商国际广场项目 A、B 区裙房精装修工程
			国家会展中心场馆功能提升工程
			新江湾城 24-9 地块商办项目幕墙（含外门窗）工程
		北京市"长城杯"	北京新机场东航基地项目一阶段工程第 1 标段（核心工作区）
			北京新机场工程（航站楼及换乘中心）（核心区）
		北京市建筑装饰优质工程	北京新机场工程（航站楼及换乘中心）精装修十标段

（续表）

			**2020 年**
科技类	国家级	首届中国建筑装饰行业科学技术奖－科技创新成果奖	《中心城区复杂产权历史建筑综合修缮改造再生关键技术》
			《大型主题乐园的异型艺术饰面精细化绿色建造关键技术与工程应用》
		首届中国建筑装饰行业科学技术奖－科技示范工程奖	上海建工浦江皇冠假日酒店（浦江镇 125-3 号地块）
			上海国际舞蹈中心建设项目室内装修工程（二标段）
			外服大厦（原兰生大酒店）外墙大修工程
	国家级	全国建筑装饰行业十大科技创新成果	《中心城区复杂产权历史建筑综合修缮改造再生关键技术》
		全国建筑装饰行业科技创新成果	《城中心近现代文物建筑保护性修缮与活化利用关键技术》
			《大型场馆室内可循环空间改造和功能升级全装配绿色施工技术研究》
			《大型主题乐园室内外异型艺术建造关键技术》
			《大型公共建筑的异型复杂饰面装配化绿色建造关键技术》
			《古民居异地再生关键技术》
			《优秀历史建筑外墙饰面修缮工艺研究》
			《装配式单元石材幕墙关键建造技术》
			《基于新型材料 UHPC 的幕墙大板块关键建造技术》
		全国建筑装饰行业科技示范工程	国家会展中心场馆功能提升工程
			长三角路演中心装修项目
	省部级	上海市科学技术奖－科技进步奖二等奖	《大型公共建筑的异型复杂饰面装配化绿色建造关键技术与工程应用》（主持）
			《大型公共建筑不间断运营改建关键技术》
			《里弄建筑保护利用关键技术与应用》
		上海土木工程科技进步奖一等奖	《基于精度控制、快速拼装与智慧物流的工业化建造关键技术》
			**2021 年**
工程类	省部级	上海市建筑装饰工程优秀项目	九棵树未来艺术中心
			黄浦江沿岸 E20 单元 E-3-1 地块精装修分包工程（F 塔楼、G 塔楼）
			黄浦江沿岸 E20 单元 E-3-2 地块精装修分包工程
			前滩中心 25-02 地块办公楼 2 标（除桩基）之室内精装修专业分包工程地下室 ~5F（不含设备层）
			漕河泾开发区浦江高科技园移动互联网产业（一期）项目新建工程（除桩基工程）
			长三角优秀石材建设工程金石奖
			新开发银行总部大楼
			黄浦江沿岸 E20 单元 E-3-2 地块精装修分包工程
			浦东美术馆
		广东省土木工程詹天佑故乡杯	深圳平安金融中心南塔
科技类	国家级	建筑装饰行业科学技术奖——设计创新奖	一等奖　国际竹艺中心项目（EPC）设计、采购、施工总承包一体化工程

（续表）

2021 年				
科技类	国家级	建筑装饰行业科学技术奖——科技创新成果奖	二等奖	优秀历史建筑外墙饰面修缮工艺技术研究
		建筑装饰行业科学技术奖——科技创新工程奖	一等奖	九棵树（上海）未来艺术中心新建工程

二、工业智造领域知识产权

序号	类型	授权号	发明创造名称
1	发明	ZL202010324758.6	一种整体式装配化台盆安装结构及安装方法
2	发明	ZL202011046806.6	复杂多曲造型饰面的三维可调式系统的调节方法
3	发明	ZL201910699888.5	适用于超大空间的装配化隔墙系统的施工方法
4	发明	ZL202010095513	一种可调式陶砖干挂装置
5	发明	ZL201910699917.8	一种模块化隔墙板的施工方法
6	发明	ZL201811532086.7	明螺栓装饰的钢制踢脚线的安装方法
7	发明	ZL201811533607.0	明螺栓装饰的卡扣型钢制踢脚线的安装方法
8	发明	ZL202010095514.5	一种镜面吊顶的安装方法
9	发明	ZL201910699905.5	一种装配式隔墙系统的施工方法
10	发明	ZL202010095516.4	一种开放式石材幕墙干挂系统
11	发明	ZL202010095506.0	一种陶砖幕墙整体干挂工艺
12	发明	ZL202010594622.7	一种复杂异形幕墙结构的连接装置
13	发明	ZL202010596545.9	异形幕墙龙骨的三维空间定位方法
14	发明	ZL202010095510.7	一种陶砖预制单元墙体结构
15	发明	ZL202010095519.8	一种开放式石材幕墙干挂构件
16	发明	ZL202010594649.6	异形幕墙龙骨的数字化坐标定位方法
17	发明	ZL202010594760.5	一种复杂异形幕墙结构
18	发明	ZL201810068640.4	一种斜坡轻型钢结构屋面铝板饰面吊顶系统施工方法
19	发明	ZL201810469119.1	消防箱石材暗门
20	发明	ZL201810468646.0	消防箱石材暗门的安装方法
21	发明	ZL201810469494.6	消防箱石材暗门的门轴的安装方法
22	发明	ZL201810469116.8	消防箱石材暗门的门轴
23	发明	ZL201811123018.5	超大异形吊顶单元运输与吊装一体化辅助装置的使用方法
24	发明	ZL201811123596.9	超大异形吊顶单元运输与吊装一体化辅助装置的安装方法
25	发明	ZL201711019946.2	大面积造型铝格栅系统施工方法
26	发明	ZL201610890911.5	预防隔墙开裂的轻钢龙骨系统

（续表）

序号	类型	授权号	发明创造名称
27	发明	ZL201610890891.1	预防隔墙开裂的轻钢龙骨系统的施工方法
28	发明	ZL201610890737.4	预防开裂的隔墙
29	发明	ZL201610890703.5	预防开裂隔墙的施工方法
30	发明	ZL201611009504.5	超大板幅石材墙面干挂方法
31	发明	ZL201611007546.5	超大板幅石材墙面干挂方法
32	发明	ZL201611028158.5	外墙脚手架内石材垂直运输系统
33	发明	ZL201611009383.4	外墙脚手架内石材垂直运输方法
34	实用新型	ZL202121363477.8	一种六边形发光单元及其组合
35	实用新型	ZL202121363516.4	一种适用于异形曲面造型的单元结构
36	实用新型	ZL202121363519.8	一种用于装配建筑安装的机械手
37	实用新型	ZL202121363478.2	一种石材金属复合造型的饰面结构
38	实用新型	ZL202121361644.5	一种适用于复杂曲面造型空间的单元结构
39	实用新型	ZL202121363500.3	一种适用于复杂曲面造型空间的索夹装置
40	实用新型	ZL202123028246.4	跨层竖向遮阳百叶系统
41	实用新型	ZL202120707971.5	加高吊篮系统
42	实用新型	ZL202123062092.0	一种建筑外墙批水结构
43	实用新型	ZL202020620076.5	适用于新型纤维水泥装饰板幕墙系统的安装结构
44	实用新型	ZL202020620080.1	一种便于安装的隧道侧壁装饰板安装结构
45	实用新型	ZL202020619800.2	一种隧道中的饰面线连续的装饰板安装结构
46	实用新型	ZL202123062094.X	一种能够隐藏龙骨的幕墙单元及单元式幕墙系统
47	实用新型	ZL202021545395.0	一种装配式金属方通格栅背景墙
48	实用新型	ZL202020619980.4	一种具有独立承重体系的台盆安装结构
49	实用新型	ZL202021194519.5	一种大面积多曲复杂木饰面的模块化组成结构
50	实用新型	ZL202020620199.9	一种能够集成安装管线的整体式台盆安装结构
51	实用新型	ZL202021545369.8	一种投射式金属方通格栅背景墙
52	实用新型	ZL202020174981.2	一种三维可调式石材幕墙安装结构
53	实用新型	ZL202020589529.2	一种单元式金属饰面的可调节连接件
54	实用新型	ZL202023085736.3	一种装配式可调节护栏结构
55	实用新型	ZL202120447301.4	装配式灯光系统的阳角十字构件
56	实用新型	ZL202020620147.1	一种无龙骨减震吸声保温的架空地板结构
57	实用新型	ZL202121363519.8	一种用于装配建筑安装的机械手
58	实用新型	ZL202121363516.4	一种适用于异形曲面造型的单元结构
59	实用新型	ZL202120446526.8	装配式灯光系统的阳角 T 字构件
60	实用新型	ZL202120446375.6	装配式灯光系统的阴角十字构件
61	实用新型	ZL202120446374.1	装配式灯光系统的阴角 T 字构件
62	实用新型	ZL202020174762.4	一种镜面吊顶检修开合结构

（续表）

序号	类型	授权号	发明创造名称
63	实用新型	ZL202020174981.2	一种三维可调式石材幕墙安装结构
64	实用新型	ZL202020589529.2	一种单元式金属饰面的可调节连接件
65	实用新型	ZL202020619980.4	一种具有独立承重体系的台盆安装结构
66	实用新型	ZL202020620147.1	一种无龙骨减震吸声保温的架空地板结构
67	实用新型	ZL202020620148.6	一种抗腐蚀高调平能力的架空地板结构
68	实用新型	ZL202020620199.9	一种能够集成安装管线的整体式台盆安装结构
69	实用新型	ZL201921222675.5	适用于超大空间的装配化隔墙系统
70	实用新型	ZL201921222679.3	一种装配式隔墙系统
71	实用新型	ZL201921223168.3	一种模块化隔墙板
72	实用新型	ZL201922223782.6	一种装配式可拆卸艺术透光玻璃墙面安装系统
73	实用新型	ZL201820119073.6	一种斜坡轻型钢结构屋面铝板饰面吊顶系统的铝板饰面层
74	实用新型	ZL201820120773.7	一种斜坡轻型钢结构屋面铝板饰面吊顶系统的转换层
75	实用新型	ZL201820120075.7	一种斜坡轻型钢结构屋顶铝板饰面吊顶结构
76	实用新型	ZL201820731420.0	消防箱石材暗门
77	实用新型	ZL201820731400.3	消防箱石材暗门的门轴
78	实用新型	ZL201820752555.5	消防箱石材暗门的门轴
79	实用新型	ZL201821575095.X	超大异形吊顶单元运输与吊装一体化辅助装置
80	实用新型	ZL201821895398.X	一种超静音隔音构造系统
81	实用新型	ZL201821896942.2	一种非承重隔墙的隔音构造系统
82	实用新型	ZL201822110242.2	明螺栓装饰的钢制踢脚线
83	实用新型	ZL201822110263.4	采用明螺栓固定的钢制踢脚线
84	实用新型	ZL201822110332.1	明螺栓装饰的卡扣型钢制踢脚线
85	实用新型	ZL201721408004.9	大面积造型铝格栅系统
86	实用新型	ZL201721408013.8	大面积造型铝格栅装饰墙面连接系统
87	实用新型	ZL202021194519.5	一种大面积多曲复杂木饰面的模块化组成结构
88	实用新型	ZL202021196644.X	大面积多曲复杂木饰面的单元板块塑形与精准定位加工装置

三、工业智造领域相软件著作权

序号	类型	登记号	软著名称
1	软件著作权	2022SR0106805	装饰工程异形曲面自动化定位软件 V1.0
2	软件著作权	2022SR0160414	装饰工程参数化节点数据平台软件 V1.0
3	软件著作权	2022SR0215429	装饰工程重大危险源 AI 自动识别软件 V1.0
4	软件著作权	2022SR0215428	装饰施工现场违规作业 AI 自动识别软件 V1.0
5	软件著作权	2022SR0253757	装饰施工现场环境监测及预警软件 V1.0

（续表）

序号	类型	登记号	软著名称
6	软件著作权	2022SR0285020	装饰工程基于人工智能的分布式图像识别软件 V1.0
7	软件著作权	2022SR0254046	内装工业化项目管控平台 V1.0
8	软件著作权	2022SR0270006	内装工业化部品部件集成设计菜单式选材系统 V1.0
9	软件著作权	2022SR0274009	装饰工程供应链管理平台 V1.0
10	软件著作权	2022SR0270005	装饰工程基于无线射频技术的物流管理平台
11	软件著作权	2020SR1806817	建筑装饰装配化用料统计软件 V1.0
12	软件著作权	2020SR1781362	建筑装饰装配化物流装车空间计算软件 V1.0
13	软件著作权	2020SR1783202	建筑装饰装配化节点设计软件 V1.0
14	软件著作权	2020SR1781253	绿色建筑自主评分算分信息平台软件 V1.0
15	软件著作权	2020SR1781252	装饰饰面自动排版及优化软件 V1.0
16	软件著作权	2020SR1781236	既有建筑外立面自动化测量软件 V1.0
17	软件著作权	2020SR1779757	建筑装饰墙面放线自动计算数据软件 V1.0
18	软件著作权	2019SR1345309	建筑装饰可视化工程进度预览软件 V1.0
19	软件著作权	2019SR1325028	建筑装饰可视化工序模拟软件 V1.0
20	软件著作权	2019SR1329386	建筑装饰可视化建材比选软件 V1.0
21	软件著作权	2019SR1329376	建筑装饰项目形象进度预览软件 V1.0
22	软件著作权	2019SR1333319	建筑装饰可视化交互平台软件 V1.0

四、工业智造领域重点科研项目

序号	级别	项目编号	项目名称
1	国家级	/	《典型居住舱室公共区域设计建造关键技术研究》
2	省部级	/	上海市科委课题"模块化空间可逆式绿色低碳数字建造关键技术研究与示范"
3	建工集团级	16JCSF-29	《复杂饰面工程施工技术研究与应用》
4		16JCSF-23	《既有大型商场不停业运营时功能更新改造技术研究》
5		18JCYJ-10	《九棵树未来艺术中心装饰工程数字化建造技术应用与研究》
6		18YJKF-17	《基于装饰装修专项工程绿色施工机器人研究》
7		18JCYJ-05	《大型场馆室内可循环空间改造和功能升级全装配绿色施工技术研究》
8		19JCSF-31	《内装工业化部品及构配件体系设计与应用研究》
9		20JCSF-18	《基于大型国际机场装饰工程绿色化与数字化协同建造关键技术研究与示范》
10		20JCSF-19	《大型高技术远洋客船内舾装关键技术研究》
11		20JCSF-48	《装饰工程参数化节点数据库及深化设计管理平台开发与工程应用》
12	装饰集团级	2016JCYJ-02	《建筑装饰装修工程游泳池施工关键技术研究》
13		2017JCYJ-01	《台下盆标准化安装构架及安装工艺的关键技术研究》
14		2017JCYJ-02	《全装配化木制品施工与安装技术》
15		2017JCYJ-03	《建筑装饰施工登高设施工集成与应用技术研究》
16		2017JCSF-02	《超大体量商办用房综合体装饰施工技术研究》

（续表）

序号	级别	项目编号	项目名称
17		2018JCYJ-01	《五星级酒店成套装饰关键技术研究》
18		2018JCSF-01	《大型交通枢纽配套建筑装饰施工关键技术》
19		2018JCSF-02	《大型展览场馆可拆卸绿色隔断施工技术研究》
20		2018JCSF-04	《超高楼层超大体量五星级酒店不停业装饰工程关键技术研究》
21		2018JCSF-06	《大型演艺中心整体装修关键技术研究》
22		2018JCSF-08	《极简工业风园区室内空间装饰关键技术研究》
23		2019JCSF-02	《上海天文馆文化创意布展工程综合技术研究》
24		2019JCSF-05	《北外滩世界会客厅综合改造提升关键技术研究与示范》
25	装饰集团级	2019JCYJ-07	《建筑装饰工程施工过程现场固体废弃物减量化技术》
26		2019JCYJ-10	《装饰装修工程智能安全帽的应用与发展研究》
27		2019JCYJ-11	《SCG 内装装配式体系研究与项目示范》
28		2020JCSF-01	《基于装配式建筑的干挂板材幕墙关键建造技术研究与应用》
29		2020JCSF-02	《基于高原地区建筑的幕墙关键建造技术研究与应用》
30		2020JCSF-04	《新开发银行大堂墙顶一体化双曲异形石材安装关键技术》
31		2020JCYJ-02	《建筑装饰地坪系统施工关键技术研究与应用》
32		2020JCYJ-03	《既有建筑绿色更新改造评估研究与应用案例》
33		2020JCYJ-04	《地铁站内装工程成套关键施工技术研究与应用》
34		2021JCYJ-01	《上海崇明花博会竹藤馆施工关键技术研究与应用》

五、工业智造领域相关标准

1	国家标准	《医疗建筑》——《装配式集成病房建筑构造》
2	国家标准	《人造板及其制品用甲醛清除剂清除能力的测试方法》GB/T 35239—2017
3	国家标准	《造板及其制品游离甲醛吸附材料吸附性能的测试方法》B/T 35243—2017
4	行业标准	《室内木质隔声门标准》LY/T3134—2019
5	地方标准	《上海市建筑幕墙设计文件编制深度标准》
6	地方标准	《住宅室内装配式装修工程技术标准》DG/TJ08-2254—2018
7	地方标准	《建筑工程绿色施工评价标准》DG/TJ08-2262—2018
8	地方标准	《上海市工程建设标准体系表》DG/TJ08-01—2014
9	地方标准	《民用建筑工程建筑信息模型应用标准》
10	团体标准	《商业及医疗空间绿色室内设计标准》
11	团体标准	《建筑装饰装修工程维修与保养管理标准》T/CBDA 53—2021
12	团体标准	《石墨烯发热板地面辐射供暖系统技术规程》T/SBMIA 010—2019
13	团体标准	《CBDA 标准体系》
14	团体标准	《光电集成显示幕墙工程技术规程》
15	团体标准	《建筑室内装配式装修设计标准》
16	团体标准	《建筑装饰装修 BIM 施工管理标准》

（续表）

17	团体标准	《建筑外窗安全性鉴定标准》
18	团体标准	《建筑采光顶可靠性鉴定标准》
19	地方标准	《建筑工程数字化建造技术标准》
20	团体标准	《总承包管理信息化实施技术标准》
21	团体标准	《绿色定制家居评价标准》
22	团体标准	《建筑装饰工程木制品制作与安装技术规程》